U0338625

本书受西安工业大学专著出版基金的资助

本书得到国家统计科学研究项目（2017LY27）

国家自科青年项目（71702142，71502133）

国家自科面上项目（71572137）的支持

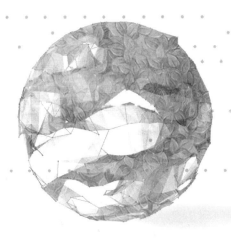

Research on Inequality of
Interregional Environment

区际间环境不公平问题研究

闫文娟　/　著

中国财经出版传媒集团

经济科学出版社
Economic Science Press

序

  闫文娟博士的学术著作《区际间环境不公平问题研究》，由经济科学出版社出版。邀我为之作序。

  2010 年 9 月，闫文娟由陕西师范大学考入南开大学经济研究所攻读环境经济学与可持续发展专业方向的博士学位，我成为她的指导教师。2013年 6 月，她顺利毕业并获得经济学博士学位，其后就教职于西安工业大学经济管理学院，在教学科研岗位继续前行。作为导师，最大的快乐是什么？我的感受是，莫过于看到自己学生的学术成果不断增深加厚。为之学术思想日益成熟的著作作序，则是其中最大乐趣。或许可把培养的学生看作是自己的心血、学生的著作则是他们的心血，如此算来的话，这或许可以算作是学缘上的一种传承吧！2019 年是南开大学建校 100 周年，南开学子此际出版之著作，或可作为奉报母校之一礼物。有上述之念，欣然允之为序。

  对于闫文娟的印象，其初到南开时的"怯生生"、讨论课上为学术问题而"捉急"、学习研讨过程中与自己较劲儿的情态，依然历历在目。而到毕业之时，以获得国家奖学金、发表 8 篇 CSSCI 学术论文的优异成绩，令人刮目相看。其中几篇已产生一定的学术影响，至今仍被学界较多引用：一是《环境公平问题既有研究述评及研究框架思考》（载于《中国人口·资源与环境》2012 年第 6 期）；二是《中国式财政分权会增加环境污染吗》（载于《财经论丛》2012 年第 3 期）；三是《环境规制、产业结构升级与就业效应：线性还是非线性？》（载于《经济科学》2012 年第 6 期）。

其学术视野和学术能力的进益，由此可窥一斑。

极为难得的是，毕业之后，在家庭负担、教学压力之下，闫文娟依然能够保持科研上的品质和数量，如主持国家社科基金课题"新常态下环境规制对西部资源型产业的就业效应研究及对策分析"等，其中所付出的艰辛可想而知。她对科研孜孜以求的学术态度，是作为老师最为欣慰的。尽管毕业多年，她时不时还会就工作、生活、科研中的所思所想向我"汇报""求教"，尽管我自身并无丰富的学术经验、社会经验指导她，但作为倾听者却能从其言谈话语及字里行间深切地感受到她内心深处有着"不浑噩度日""不随波逐流""不泯然于众人"的心气儿。作为老师，感受到学生自律如是，夫复何求！

《区际间环境不公平问题研究》一书，以"环境公平问题"为研究主题，这是闫文娟博士长期坚持的一个研究方向。这一主题，既是环境经济学与可持续发展经济学领域中的一个重要学术问题，也是生态文明建设领域的一个不容忽视的实践课题。作为同一领域的研究者，我与闫文娟博士的认识是相通的。我们对于环境公平问题的认识是：其一，生态环境公平应当追求享受生态环境利益的公平性、承受生态环境损害的公平性、分配生态环境利用权益的公平性、分担生态环境维护和治理成本的公平性；其二，生态环境不公平的成因，往往是经济发展差距和经济不公平问题的转化或延伸。要真正解决生态环境的不公平问题，着眼于经济不公平是一个不可或缺的视角。上述关于生态环境公平的认识，既是我们理论认识的逻辑思路，也是我们在实践领域所主张的政策目标，更是我们在生态文明思想传播过程中所希望传播给社会大众的理念。我也从这一角度来推介此书。关注生态环境公平问题的读者，一览此书，于相关问题以及相关问题的解决方法，自当有所获益。当然，本书有所讨论的或未及讨论的诸多学术问题和政策问题还有待深入探讨。

最后，借此机会对闫文娟博士以及曾经与我一起学习的各位同学说一说作为学者如何因应社会现实和社会变化的问题。老子《道德经》有言，"多言数穷，不如守中"，我以为这是作为学者在现实社会生活中最合理的行为准则，我理解这句话的大致含义是：过多地关注可能影响自己命运

（"数"）的各种因素，反倒使自己的行为无所适从。不如遵循正常状态下的一般规律，而不去过多地考虑偶尔的异常因素。例如，面对天气变化，大体上是有规律可循的。偶尔的气候反常，很快就会过去而回归正常。如果总是想方设法地揣测气候的非正常波动，反而导致人无所适从，不如稳定地遵循一般变化规律，顺应其变化，对于偶尔反常的气候大可不必刻意关注。所以，面对社会上的种种潮涌潮落，只要我们秉持一定之规，以一贯的恒心和努力，定能在自己涉足的领域取得无愧于心的业绩。愿以《道德经》此语，与闫文娟博士及其同学们共勉。

钟茂初
2019 年 6 月 30 日于南开园

前言

　　经济飞速发展带来的环境问题受到学者们的广泛关注，但已有的研究更多的是进行生态环境问题的全局分析，即分析整个人类、整个国家、整个地区遭受了怎样的环境污染，而较少分析不同经济发展水平的国家、地区承受环境负担的不公平及承担环境责任的不公平。环境不公平的研究始于国外，国外关于环境不公平的研究更多关注在有突出种族、民族矛盾的国家及地区，不同群体所遭受的环境风险不同。与此相比，伴随着中国经济的飞速增长，中国经济发达的东部地区与经济落后的西部地区之间的环境不公平，以及发达国家与发展中国家之间的环境不公平问题更值得关注。因而，本书的研究包括区际间环境不公平现象的分析、区际间环境不公平成因的分析及应对区际间环境不公平的对策分析三部分内容。

　　本书的主要内容共分为七章。

　　第一章，绪论。重点论述问题的提出以及研究的意义、内容、方法、难点、主要创新点和不足之处。

　　第二章，文献综述。本章首先对公平和环境公平的一般认识进行总结梳理，作为环境不公平的一个基础和参照物；其次，归纳总结了国内外关于环境不公平的表现形式、形成原因及相关研究方法；最后，对既有研究做了一个归纳述评并提出了笔者对研究环境公平问题的框架思考。

　　第三章，中国区际间发展差距与环境负担不公平的现状。本章首先对中国区际间发展差距与环境负担不公平的现状做了直观描述；其次，采用泰尔指数，对中国废水负担不公平程度进行刻画，并分析东部、中部、西部地区区域内和区域间的环境负担不公平状况及三大区域的环境负担不公平对整体环境负担不公平的贡献；最后，运用环境不公平指数及绿色贡献系数这两个指标更为具体地分析了中国环境负担不公平。

第四章，区际间环境不公平的理论分析及原因解析。这一章包括以下两个方面内容：一是区际间环境不公平的理论分析，包括不同发展水平的国家（地区）对环境恶化造成的影响不同；不同发展水平的国家（地区）承受环境恶化的影响不同；获得生态利益的富裕国家、富裕地区应承担相应的环境保护责任。二是中国区际间环境不公平的原因解析，一方面基于利益视角对区际间环境不公平的原因作了分析；另一方面基于回归方程的分解方法，实证检验得出发展差距是省际间环境负担不公平的主要原因。

第五章，环境规制与区际间环境不公平。这一章主要包括三个方面内容：一是以中国省际面板数据为样本展开的环境规制与环境不公平的实证分析，得出提高环境规制水平促进区际间环境公平的结论；二是环境规制政策会产生包括环境不公平在内的新的社会不公平，落后国家（地区）在治理本地污染时更应该注意这一点；三是环境治污技术的选择会产生不同的就业效应，末端治理技术促进就业，清洁生产技术削弱就业，虽然清洁生产的治污效果好于末端治理，但落后国家（地区）在治理本地污染时不能只关注环境效果，还应该考虑该项技术的就业效应，否则会产生新的不公平。

第六章，区际间环境责任分担。本章构建了一个旨在说明环境规制与就业关系的非线性面板门限模型，证明发达地区治理本地环境污染的努力可以促进就业，这样就会减弱发达地区向外污染转移的动机，发达地区越多从事本地污染治理工作，越有利于地区间环境责任的公平分担。

第七章，结论和未来研究。本章对前面六章的内容进行了归纳总结，列出了本章主要的研究结论，并对未来的研究方向进行了展望。

目 录

Contents

第一章

绪　论

第一节　问题的提出与研究意义

环境不公平问题的研究最早出现在国外，以研究群体间环境不公平即不同种族、民族承受不同比例的环境风险为主，中国学者对环境不公平问题的研究尚处于探索阶段。国内外关于区际间环境不公平问题研究的文献较少，多为研究不同国家、地区消耗资源、能源不公平的间接文献，也有一些文献涉及区际间环境不公平的成因，对于日益突出的区际间环境不公平问题，现有研究显然需要进一步推进。分析不同国家、不同地区层面的环境不公平问题并研究其形成原因，进而找到国家间、地区间的环境责任分担机制是一项极具现实意义且富有挑战性的工作。

一、问题的提出

世界经济的飞速发展使横亘于发达国家和发展中国家之间的收入鸿沟以及发达国家和发展中国家内部的收入差距备受学者们关注。全世界约2/3以上的人口生活在那些人均收入仅为美国1/10的国家中。根据世界银行2004年《世界发展指标》的数据，挪威2003年的人均国民收入为36690美元，而位于非洲撒哈拉沙漠地区的塞拉利昂在同一年处于另一个极端，人均收入大约为500美元（以调整后的购买力平价计算），这意味着世界上最富裕国家的平均收入大约是最贫穷国家的 73 倍（万广华等，2018）。与此同时，世界经济飞速发展带来的环境问题也极为严峻，但当人们谈论环境问题时，大多强调环境恶化对整个人类、整个国家及整个地区的影响，而忽视了其对不同国家、不同地区及不同群体的差别性影响，同理，在履行保护环境的责任时，对不同国家、不同地区、不同群体要承担的共同但有差别的责任这一认识也是模糊的，但环境不公平现象在全世界是普遍客观存在的。根据联合国发布的 2011 人类发展报告，人类发展指数水平极高的国家人均二氧化碳排放量比人类发展水平高、水平中等的国家高出 4 倍多，比人类发展水平低的国家高 30 倍左右，一个英国市民平均两个月的温室气体排放量相当于人类发展指数水平低的国家一个人一年的排放量，而人均排放量最高的国家卡塔尔平均每个人在 10 天内就可以排出同样多的温室气体，尽管该数值同时也包括在其他地方的消费和生产行为。[①] 发展中的小岛国家非常容易受到气候变化与自然灾害（如风暴潮、洪水、干旱、海啸和飓风）的影响，在小岛上常常会发生自然灾害，1970 ~ 2010 年，人均遭受自然灾害次数最多的 10 个国家中，6 个都是小岛屿发展中国家，这些国家的经济规模非常之小，对气候变化的影响也非常之小，但是这些国家受到气候恶化的影响最大，[②] 而对环境恶化带来较大影响的发达国家却较少承受环境恶化的影响，且在环境问题谈判时，不愿承担相应的环境责任。以上发展中国家由于资金、政治、技术等方面的劣势，导致其过多地承担了全球性环境问题的有害后果和应对成本，这些构成了国家层面环境不公平问题的研究内容。而在同一国家内部，地区层面也存在类似的环境不公平。

区际间环境不公平问题已成为现实世界中无法逃避的问题，但是相比

---

① 2011 年人类发展报告——可持续性与平等：共享美好未来［R］. 联合国开发计划署，2011：3. 人类发展指数（HDI）是对人类发展成就的总体衡量尺度，是测量一个国家在以下三个方面的平均成就：用出生时的预期寿命表征的健康长寿的生活（这个指标衡量了人民的衣、食、住、医疗、娱乐等综合状况）；人民的科学文化、人均受教育水平；用人均 GDP 衡量的体面的生活。因而，人类发展指数高的国家基本上是经济发展水平高的国家。

② 2011 年人类发展报告——可持续性与平等：共享美好未来［R］. 联合国开发计划署，2011：59 - 60.

不同国家间、不同地区间发展差距的研究，学术界对区际间环境公平的研究远远不够。正如费特森（Feitelsen，2002）指出：相对于经济发展和社会公平之间权衡的研究，对环境和社会公平之间权衡的研究有待深化。西方学者对环境公平的研究较早，但是关注的重点是种族、民族矛盾引发的环境不公平，在中国并不存在类似的种族、民族矛盾，应该建立适合分析中国环境不公平的研究框架，笔者认为，环境问题如同经济问题的转化与延伸一样，环境不公平问题也是经济不公平问题的转化与延伸。例如我们对现实经济活动会提出这样一些问题：基于"比较优势"的贸易活动，实质导致环境污染主要由欠发达国家或地区承担的状况，公平吗？基于"资源优化配置"的跨国投资活动，实质导致高消耗高污染产业向投资地转移的状况，公平吗？基于技术优势的企业，往往通过某种"巧妙"的外部性方式将环境风险转嫁给地球生态系统和后代，以获取其垄断地位及利润，公平吗？即使在现有的环境规制政策下，也会提出这样一些问题：在发达国家与地区先行工业化进行大量污染累积的状况下，不考虑历史责任的"谁污染谁治理"原则，要求处于不同发展阶段的国家及地区承担同等的环境责任，公平吗？在发达国家掌握经济优势、维持着高消费的状况下，却要求生产者承担主要责任而不追究消费者责任，公平吗？在对环境损耗转移没有限制的状况下实施"排放权交易"等制度，公平吗？等等。在中国的现实发展中，环境不公平问题也日渐凸显。例如，发达的东部沿海地区比落后的西部地区消耗了更多的资源与环境，城市比农村消耗了更多的资源与环境，高污染高耗能的产业由发达地区转移到落后地区、由城市转移到农村，让西部地区以及农村来承担环境污染的后果以及环境污染治理的成本。这些现象，是富裕的强势地区、群体利用其经济优势向贫困的弱势地区、群体转嫁其环境影响后果和环境治理责任，以此方式实现其经济利益。由此可见，环境不公平问题的实质是由于经济利益不公平（社会各群体间、区际间经济利益的争夺导致的利益矛盾）而转化为环境问题以及环境利益的不公平。

中国各个地区经济发展差异巨大，但相对于地区间发展差距而言，地区间环境不公平是更加值得关注的一个问题，因为发展差距通常会通过采取"把蛋糕做大"的方式来解决，但环境公平却无法通过"做大蛋糕"的方式来实现，而且环境不公平与环境损耗之间会形成相互促进的恶性循环，不断走向生态环境危机。不仅如此，发展差距与环境不公平是构建和谐社会的两个重要问题。地区间的发展差距会对环境不公平产生怎样的影响？这正是本书要解决的问题。

二、研究意义

本书的研究具有较强的理论意义和现实意义。

首先，理论意义。就研究内容和研究角度而言，环境不公平的研究仍然处于初级阶段，国外学者虽然对环境不公平的现状、产生的原因从理论和实证角度分别进行了相应的研究，但其主要针对特有的种族、民族矛盾下的群体间环境不公平，目前尚没有形成成熟的理论框架。本书在社会学、伦理学、政治学、环境学、地理学、法学等领域研究成果的基础上，从经济学视角切入，尝试将发展差距和环境公平纳入一个分析框架，重点研究发展差距引致的区际间环境不公平，这不仅拓宽了研究该问题的领域，而且深化了对该问题的研究，有助于匡正解决环境问题的对策。

其次，现实意义。环境不公平是全世界都在关注的一个前沿热点问题，充分认识区际间环境不公平的表现形式、形成原因及解决对策，能够更好地规范成本和收益的分担机制，是可持续发展能够最终实现的一个前提和保障。本书实证检验得出发展差距是地区间环境不公平的主要原因这样一个结论，并得出一些具有新意的实践主张：加强中国各个省份的环境规制水平，有利于促进地区间环境公平；在治污技术的选择上，发展中国家和地区为了缩小区际间环境负担差距，如果只关注环境治污技术的环境效果，不考虑治污技术的社会效应，会带来新的社会不公平；发达地区增加环境污染治理的努力可以促进本地区的就业，从而可以减弱发达地区向外污染转移的动机，督促发达地区承担本应该承担的环境治理责任，有利于地区间环境责任的公平分担。

第二节 研究内容与研究方法

一、研究内容

本书研究的核心是环境不公平，国外学者关于环境不公平的研究远远早于中国学者对此问题的研究，中国学者关于环境不公平的研究开始较晚，且一般由伦理学、法学、社会学、政治学、环境科学、地理等学科的学者进行。本书拟从经济学的视角对环境不公平进行分析。通过对国内外关于环境公平代表性的研究进行总结和述评，发现国外关于环境不公平的研究大多是围绕以下问题展开：低收入阶层相比于中产阶层是否更多地承担环境风险？已知的或未知的环境风险是否在不同社会经济地位的群体之间分布不公平？本书在现有研究基础上，主体部分按区际间环境不公平的现状刻画—理论分析—原因解析—对策研究四个板块依次展开。首先，以中国为例，刻画了中国各省份经济发展差距、承受环境负担差距及环境治理投资差距的现状。其次，对区际间环境不公平进行理论分析，将区际间环境不公平现象归为三个方面：不同发展水平的国家（地区）对环境恶化造成的影响不同；不同发展水平的国家（地区）遭受环境恶化的影响不同；发达国家（地区）没有承担相应的环境责任。对环境不公平问题在国际层面、地区层面的现状和表现形式有一个基本的认识之后，以中国各省份面板数据为样本，基于回归方程的分解方法实证得出中国各省份间的发展差距是区际间环境不公平的主要原因。然而对环境恶化造成的既有影响已无法挽回，如何减小区际间环境负担差距应是当前关注的重点，减缓区际间环境负担分配不公平的一个重要手段是提高落后国家（地区）的环境规制水平，这也是落后国家（地区）经济发展水平提高的一个重要体现，除此之外，还应关注环境责任的不公平分配，通过门限效应实证分析证明了发达地区治理本地环境污染的努力可以促进就业，这为发达地区积极治理本地污染、减少污染外移、承担本应该承担的环境治理责任从而达到环境责任地区间公平分配提供一定的依据。本书的研究路线图如图 1－1 所示。

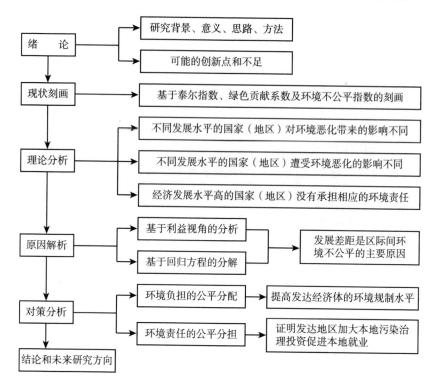

图 1－1　研究路线

按照以上的研究思路，本书共分为七章。

第一章：绪论。重点论述本书的研究背景、研究意义，采用的方法以及研究可能的创新点和不足。

第二章：文献综述。本章首先对公平和环境公平的一般认识进行总结梳理，其次归纳总结了关于环境不公平的测度方法、表现形式、形成原因及相关研究方法、研究内容，最后对既有研究做了相关述评，并提出笔者拟对已有研究的扩展及对环境不公平问题研究框架的思考。

第三章：中国区际间发展差距与环境负担不公平的现状。本章首先对中国各省份的发展差距及环境负担不公平做一个直观描述，其次选取有代表性的工业污染物，借鉴泰尔指数、环境不公平指数及绿色贡献系数来对比中国各个地区污染物负担及污染治理投资的差异程度。

第四章：区际间环境不公平的理论分析及原因解析。本章首先从理论上分析了区际间环境不公平的现象：不同发展水平的国家（地区）对环境恶化造成的影响不同；不同发展水平的国家（地区）承受环境恶化的影响不同；获得生态利益的富裕国家、富裕地区没有承担应有的环境保护责任。其次分别基于利益分析方法及基于回归方程的分解方法，以废水为例研究了中国省际间环境负担不公平的原因，认为地区间发展差距可以较大程度地解释省际间环境负担不公平。

第五章：环境规制与区际间环境不公平。本章主要从解决不同国家（地区）间的环境负担不公平分配入手。首先实证分析得出结论，加强环境规制水平有利于中国各省份间的实现环境公平，其次分析相比发展水平较高的发达国家（地区），过多承担环境负担的经济发展水平较低的落后国家（地区），在治理本地环境污染时颁布的环境规制政策或促进区际间环境公平或产生新的包括环境不公平在内的社会不公平，以及在治污技术的选择上，不能只考虑环境效果，有可能产生新的不公平。

第六章：区际间环境责任分担。本章主要从不同国家（地区）间的环境责任公平分担分析：通过构建一个旨在说明环境规制与就业关系的非线性面板门限模型，得出结论，发达地区提高环境污染治理投资水平促进本地区的就业，因而有利于削弱发达地区环境污染向外转移的动机，有利于不同地区之间的环境责任公平分担。

第七章：结论。本章对前面六章的内容进行归纳总结，列出了本章主要的研究结论，并对未来的研究方向进行展望。

二、研究方法

本书采用归纳分析、案例分析、定性和定量相结合的方法，在定量分析的过程中借鉴多种实证分析和计量检验方法，进行区际间环境不公平的原因解析及对策分析。

一是通过归纳总结以往文献中涉及以及笔者在现实中观察到的环境不公平的相关问题，将环境不公平现象主要归纳为不同发展水平的国家（地区）对环境恶化造成的影响不同，不同发展水平的国家（地区）承受环境恶化的影响不同，获得生态利益的富裕国家、富裕地区没有承担应有的环境保护责任这三种形式。

二是在分析政府非意图政策引致的环境不公平及政府规制主体缺乏监督引致的环境不公平等问题时，笔者采用案例分析方法，较为形象地加深了对问题的分析。

三是采用包括动态面板的 SYS – GMM 的常规面板估计方法，分别分析中国各省份环境规制对环境公平的影响及环境治污技术的就业效应，采用 tobit 模型研究了各省份环境规制水平的差距与环境负担差距的关系。

四是采用基于回归的分解方法实证分析了 1999 ~ 2008 年中国省际间环境负担不公平的形成原因。通过构建环境负担函数（以废水排放为案例），利用世界银行开发的 JAVA 程序进行分解，得出结论：地区间环境负担的不公平，主要是由居民人均收入和废水治理投资这两个指标所衡量的发展差距引致。

五是采用门限回归方法，构建了一个旨在说明环境规制与就业关系的非线性面板门限模型，利用 2003 ~ 2010 年的省际面板数据验证了当以产业结构和环境规制作为门限变量时，环境规制对就业影响的差异，验证了发达地区提高环境保护水平有利于促进该地区就业，为发达地区减少污染外移、承担应有的环境责任提供了依据。

第三节　研究的难点、主要创新点与不足之处

本书对区际间环境不公平问题作了相关理论分析和实证研究，对环境不公平的原因分析采用基于回归方程的分解方法，较为可靠地从实证层面得出区际间环境不公平的形成原因主要是区际间发展差距，并在环境治污技术的选择方面及环境责任分担方面提出了较为新颖的实践主张，但也存在一些不足。

一、研究的难点

本书的研究难点在于如何对中国各个省份之间环境不公平的原因做出实证检验，通过理论分析可以得出发展差距是区际间环境不公平的主要原因这一推断，但是如何采用中国现有的数据利用计量方法证明这一推断，便成了本书的研究重点和难点。具体来说，本书采用基于回归方程的分解方法试图分解不同因素对环境不公平的影响作用及大小，如何使具体实证过程中环境负担方程的回归结果和各变量对不平等贡献的分解结果基本一致，这对变量选取和数据处理提出了较高的要求。而且在环境责任分担的实证研究过程中，如何选取合适的门限变量，需要对该问题有一个合理的理论认识和现实把握。

二、可能的创新点

第一，对中国各省份间环境负担及环境治理投资不公平现状进行刻画。研究中国各省份间环境不公平的形成机理固然重要，但将中国各省份间环境负担不公平的现状刻画清楚是一项必要的工作。本书做了一次有益的尝试，选用有代表性的工业污染物，如废水、二氧化硫及固体废物来对比中国各个地区这些污染物负担及污染治理投资的差异程度。

第二，采用基于回归方程的分解方法，实证分析了 1999～2008 年中国省际间环境负担不公平状况的成因。发展差距使省际间环境供给（对环境治理投入的愿望及能力）及环境需求（不同收入的居民对环境质量的需求）不同，进而使省际间环境负担不同。在实证分解结果中，以废水排放为例构建环境负担函数，得出结论：地区间环境负担的不公平，主要是由居民人均收入和废水治理投资这两个指标所衡量的发展差距引致。

第三，为发达地区加大本地污染治理投资从而减少污染转移提供依据。已有文献更多的是分析环境风险在不同地区之间分担，本书不仅分析不同地区遭受环境恶化的风险不同，还分析不同国家（地区）对环境恶化造成的影响不同及发达国家（地区）没有承担相应的环境保护责任这两种区际间环境不公平的表现形式。以中国各个地区面板数据为例，将环境保护和民生保障结合起来佐证发达地区应该增加本地区环境污染治理的投资，不仅有利于促进本地区的就业，而且有利于实现环境保护及治理责任的地区间公平分担。

第四，环境治污技术的选择应考虑就业效应。本书利用中国地区层面2003～2010年的样本数据，实证检验了末端治理和清洁生产对就业的影响。结论表明：末端治理对就业产生正向拉动作用；清洁生产对就业则有负向挤出作用。这与发达国家的研究结论不一致。发达国家的研究表明，包括末端治理和清洁生产在内的环境创新对就业均有正向拉动作用。该结论很有启示性，虽然清洁生产的治污效果优于末端治理，但发展中国家及发展中国家的落后地区如果急于减少本地环境污染负担，只关注治污技术的环境效果而不关注就业效应，短时间内可以实现环境负担差距在国家层面和地区层面缩小，但由此会引发新的社会不公平。

三、可能的不足

本书在实证分析时多用废水、二氧化硫、固体废物等单项污染指标进行分析，这样做的好处是比较具体且有针对性，但是容易考虑不全面，如果能采用一种合适的方法，将拟分析的污染物综合考虑构建一个指标体系，便可以将整体污染水平作为分析对象，但全面分析和具体分析总是不能兼顾，本书则是用具体而有针对性的分析作为一种弥补和替代。

第二章

文献综述

随着可持续发展以及环境—经济问题研究的深入，有关环境领域的不公平问题，逐步被纳入研究视野。本章拟对国内外既有研究进行梳理，从环境公平的界定、环境不公平问题的表现形式、环境不公平问题的形成原因及研究方法等方面进行归纳和评述，以期在此基础上提出环境公平问题研究的基本架构。

第一节 对环境公平的一般认识

对于公平、正义的内涵，不同时代的不同学者所持有的观点不同，正确理解公平、正义的内涵关系到对环境公平的认识正确与否，在对环境公平的含义进行梳理和定义之前，首先对公平、正义的内涵做一个概述，为分析奠定一个基础。

一、对公平、正义的一般认识

在对环境公平的含义进行梳理和定义之前，先对公平的内涵做一个概述。在《现代汉语词典》里，公平的定义是"处理事情合情合理，不偏袒哪一方面"，公平、公正和正义是近义词，正如我国学者王海明（2000）

指出："公正、正义、公平、公道是同一概念，是行为对象应受的行为，是给予人应得而不给人不应得的行为；不公正、非正义、不公平、不公道乃是同一概念，是行为对象不应受的行为；是给人不应得而不给人应得的行为"。本书对公平和正义的概念不做细致区分，以下列举一些学者关于公平定义的典型观点。

柏拉图的著作《理想国》研究的核心问题之一就是公平（正义），柏拉图认为每个人各司其职、各守本分、各守其续、各得其所就是公平，具体说来，公平就是在一个国家内，每个人必须担当最适合他天性的职务，获得他应得的那一份财富与奖赏，专注自己的事情，不去干涉他人的事。亚里士多德认为，公正就是比例，不公正就是违反了某种比例，首次提出"既然公平是平等，基于比例的平等就应是公平的。例如，拥有财富量多的支付税收多，拥有财富量少的支付税收少，这就是比例平等，再者，劳作多的所得多，劳作少的所得少，这也是比例平等"（苗力田，1994）。亚当·斯密（1974）是古典经济学的开创者，他强调机会均等，提倡机会均等的自由主义，反对封建等级制度的机会不平等，而且他认为在市场这只"看不见的手"地驱动下，会实现主观为自己、客观为别人的良好效果。哈耶克的社会公平观维护自由崇尚效率，认为公平分为"形式公平"和"实质公平"两种形式，市场的自由竞争秩序是维护社会公平的最好手段，政府的职能仅限于维护"形式公平"，在自由竞争社会并不存在真正的分配公平的社会准则，依靠行政、法律和税收手段干预市场经济自由竞争的结果公平与程序公平二者不可兼得，程序公平更重要，结果平等本身就是对自由的否定。自由至上主义的代表诺齐克（1991）认为，社会公平就是强调个人权利第一位，不能将公平理解为牺牲个人或少数人利益而促进整体的利益，这不仅是不公平，而且是对人权的侵犯，所以人是自我的所有者，这是平等的核心，并强调，只要造成不平等的因素通过公平的途径获得，那么就符合公平原则，比如天赋造成了人与人之间的不平等，但天赋并不是通过不平等的途径获得，因而这种不平等仍然是公平的。极具代表性的一类公平正义观是罗尔斯的正义论。罗尔斯（1988）认为，公平是指所有的社会基本善——自由、机会、收入、财富及自尊的基础都要平等地分配，除非对其中一种或者所有价值的一种不平等分配合乎每一个人的利益，他强调公平不是消除一切不平等，而是要消除使人受损的不平等，如果不平等对所有人都有利，那就是公平的。公平或正义是一种"天赋权利"，具有神圣不可侵犯性，他提出了公平的两个原则：第一，最大自由原则，每个人对所有人所拥有的最广泛的基本自由体系相容的类似自由体系都应有一种平等的权利。第二，差异原则，社会和经济的不平等必须满足两个条件：一个是有利于最少受惠者，在与正义的储存原则一致的情况下，适合于最少受惠者的最大利益；另一个是机会均等，是在机会公平平等的条件下所有的机构和职位必须在机会完全均等的条件下对所有的人敞开。换言之，在罗尔斯看来，一方面，社会上条件较好的人有较多的机会得到收入和财富，只有这样才平等；另一方面，在社会上"最不获利的成员"的利益未能提高时，那些好起来的人也不应当否认最不获利者的利益。

还有一类是功利主义的公平观，这为罗尔斯所批判，也是本书不采纳的一种正义观。由边沁提出的功利主义理论认为凡是能增进当事者幸福的行为，就是好的行为、公正的行为、公平的行为。功利主义者认为，只要效益的总量一样，无论谁拥有效益都没有区别，只要最大限度地满足最多数人的幸福，就是公平的。换言之，如果一个社会的主要制度安排能满足社会成员净余额最大，那么这个制度安排就是正确的，因而符合公平原则，是公平的。我国学者何怀宏（2002）认为，公平就是平等地对待属于同一等级或类型的人，不平等地对待不属于同一等级或类型的人，可以概括为：平等地对待所有的人，只要你有了某种血统、身份、地位、金钱、劳动、财富、贡献等条件，能够使你置身于某一等级或某一类型的，你就会受到和同一类型所有成员一样的对待。这些条件对内是共同点，对外则是差异。美国心理学家亚当斯等（1996）提出的公平理论认为，公平是指社会中的个体常常与和自己条件相等或相近的个体比较个体贡献与个人所得（包括物质报酬、社会荣誉、地位等）的比值，如果该比值相等或接近，则双方都会有公平感，反之则感到不公平。世界银行发布的《2006年世界发展报告：公平与发展》强调，公平性的基本定义是人人机会平等，在该报告中，公平的定义可以看成是两项原则：一是机会平等，即一个人一生中的成就主要取决于本人的才能和努力，而且这种才能和努力是可控的，而不是被种族、性别、社会、家庭背景及出生地等不可控因素所限制；二是"避免剥夺享受成果的权利"，尤其是享受健康、教育、消费水平的权利。①

综上所述，每个时代的学者对公平理解的出发点不一样，除去边沁等提出的功利主义公平观，其他学者关于公平定义的核心意思和落脚点基本相似：强调不同主体权利和义务对等，强调开始的机会均等和结果的分配均等。

二、环境公平的起源与定义

美国的一些学术团体和公民权利团体早在 20 世纪 70 年代就已经确认在环境保护中存在着不公平的现象，但一直到 1982 年美国北卡罗来纳州瓦伦县发生的抗议有毒废弃物掩埋场运动之后，美国的环境正义运动才算真正兴起，进入公众视野。1982 年，美国政府在北卡罗来纳州瓦伦县修建了一个掩埋式垃圾处理场，计划用于储存从该州其他 14 个地区运来的聚氯联苯（PCB）废料，这项决议遭到当地居民的坚决抵制。② 最终演变成一场全国范围的抗议活动，美国政府为了回应公众对环境公平问题的关注，对环境政策作了相应的调整，对环境公平问题的研究也由此而来。

环境公平可以分为代内公平和代际公平，出于研究目的及代内公平具有优先性和决定性，本书只分析代内环境不公平的相关问题。正如柯达（Kadak）提出的义务链理论指出，近期具体的风险要比长期假设的风险有优先权，即代际公平要以代内公平的实现为前提（武翠芳等，2009）。韦斯（Weiss，1989）指出，代内公平是代际公平的前提，如果国家层面、地区层面、群体层面的代内环境公平都实现不了，代际环境公平无从谈

---

① 世界发展报告 2006：公平与发展 [EB/OL]. http：//www. china. com. cn/economic/txt/2005 - 09/21/content_5975712. htm.

② Troy W. Hartley，Environmental Justice：An Environmental Civil Rights Value Acceptable to All World Views，Environmental Ethics，Vol. 17（Fall 1995），277 - 278.

起，代内公平如果得不到解决延续到后代将导致更大程度的不公平。阿南德和森（Anand and Sen，2000）就曾郑重提出，如果我们只是纠缠于代际公平，而不同时考虑代内公平，就会严重违反普遍性原则。

在很多关于环境正义运动的研究中，环境公平（environmental-equity）和环境正义（environmental-Justice）是两个可以通用、没有被严格区分的概念。1992 年 6 月，美国环境保护署成立的环境公平工作组，发布了《环境公平：为全社会降低风险》的报告。该报告认为，少数族裔和低收入人群承担着更多的环境风险，威胁来自铅、空气污染、有害废弃物处置、被污染的鱼类和农业杀虫剂等。以铅为例，年收入少于 3 万美元的美国家庭，有 35% 住在有含铅涂料的住宅中，而收入在 3 万美元以上的家庭，只有 19% 面对铅的威胁。对于环境公平，该报告定义为，在不同经济、文化的社会群体中，环境权益和风险成比例的、公平的分配，以及政府对这种分配的政策反应，保证政府的政策、活动不会有区别地影响不同经济和文化的人群。① 2001 年，该组织将环境公平表述为：在环境法律、法规和政策的制定、遵守和执行等方面，全体人民，不论其种族、民族、收入、原始国籍和教育程度，应得到公平对待并卓有成效的参与。日本学者户田清（1999）认为，所谓环境正义的思想是指在减少整个人类生活环境负荷的同时，在环境利益（享受资源环境）以及环境破坏的负担（受害）上贯彻公平原则，与此同时达到环境保全和社会公平这一目的。布莱恩特（Bryant）对环境公正的定义为："环境公正是指确保人人可以在安全、富足、健康的可持续发展社区中生活的文化规范、价值、制度、规章、行为、政策和决议……环境公正包括：体面安全的有酬工作，高质量的教育，舒适的住房和充足的卫生保健，民主决议和个人知情权、参与权……在这些居住区内，文化多样性和生物多样性受到尊重，没有种族歧视，到处充满公正"（武翠芳等，2009）。

中国学者对环境公平的研究开始较晚，对环境公平的定义代表性的观点如下。洪大用（2001）认为，环境公平大体上包含了两个方面的含义：

---

① 美国国家环境保护署主页，http：//www. epa. gov/chinese/pdfs/EJ%20Brochure_CHI. pdf.

一方面是指所有人都应该享受清洁环境而不遭受不利环境伤害的权利；另一方面是指环境破坏的责任应与环境保护的义务相对称，并把环境公平分为国家之间的环境不公平、地区之间的环境不公平和群体之间的环境不公平。靳乐山（1997）认为，环境公平是指当代人与人、集团与集团之间的环境公平，即每个人享有其健康和福利等要素不受侵害的环境权利。王韬洋（2002）认为，环境不正义就是由环境因素引发的社会不公正，特别是强势群体在环境保护中权利和义务不对等的议题。朱玉坤（2002）认为，环境公平是指人人都应享有清洁环境而不受环境之害的权利，也有保护和促进环境改善的义务，主张权、责、利相对称。薄艳（2005）把环境正义界定为，世界各国，无论其大小强弱，在国际环境政策和规约的发展、制定和实施方面得到平等地对待和富有意义地参与，平等地对待是指任何国家都不应该不成比例地承担有害的环境后果和解决环境问题的成本。吕力（2004）从经济学角度对环境公平的定义：环境公平要求在保证社会总的环境净福利为正的情况下，均衡分配各地区、各社会群体所承担的环境风险和环境成本，对少数环境受损群体进行补偿，并考虑代际的公正及可持续发展。

国内学者对于环境公平的认识可分为三类：一是人人享有清洁环境不被破坏的权利和进行环境保护的义务（洪大用，2001；王韬洋，2002）；二是每个人享有的环境利益的公平和承担环境恶化后果的公平（靳乐山，1997）；三是任何国家（地区）或任何群体都不应该不成比例地（过多或过少）承担有害的环境后果和解决环境问题的成本（薄燕，2004；程平，2010）。

笔者对环境公平的定义建立在"戴维斯—诺斯标准"的基础上。一项带有污染的经济活动，其收益在补偿完污染承担者的成本之后仍有净剩余，便达到了"集体效率的目标"，这是"卡尔多—希克斯标准"，是不公平的，因为收益和成本由不同的主体承担，其实更应该考虑这些经济活动中的成本收益的分担，即"戴维斯—诺斯标准"，尽可能使每个行为主体的成本收益达到一种均衡，而不是一种整体或总量的均衡。

归纳起来，笔者认为环境公平的内涵应包括：各个主体从环境中获得的收益对等；各个主体在环境污染中承担的成本对等；各个主体从环境中获得收益和承担环境破坏的成本对等；从环境中获得收益的主体和承担环境恶化成本的主体一致。

三、环境不公平的测度

一些学者在环境不公平定义的基础上对其进行量化研究，学者所做的尝试主要有以下几个方面。

赵海霞（2009）借鉴美国行为科学家亚当斯对公平的定义，构建环境公平指数：

$$P_i/C_i = P_j/C_j \qquad (2.1)$$

其中，P_i 和 C_i 表示一个人对其获得收益及付出成本的自我评价；C_i 和 C_j 表示对比较对象所得收益及所付成本的评价。当一个人感觉他所获得的收益与付出成本的比值与作为比较对象的收益与成本比值相等时，就达到了公平，类似地，将公平的定义运用在环境经济学，环境公平是指在对环境资源利用过程中，各个经济主体之间获得生态收益和承担环境负担二者比值的对比，进而区域层面的环境公平可以用两个地区在发展过程获得的经济效益与其所承担环境成本的比值相对比来衡量，二者比值相等则说明两个区域实现了环境公平。用环境不公平指数表示，关系式如下：

$$EE = |\,GDP_i/P_i - GDP_j/P_j\,| \qquad (2.2)$$

其中，EE 是环境不公平指数；GDP 是地区生产总值，表示该地区所获得的经济效益；P 为污染排放量，表示该地区所承受的污染物排放的环境成本；i 和 j 表示不同的地区（该公式可以计算相对该地区的经济效益，所有污染物的地区间分担的公平程度，也可以计算相对该地区的经济效益，某一种污染物的地区间分担公平程度）。如果，$EE = 0$ 或者接近 0，表示两个地区基本实现了环境公平；$EE \neq 0$ 则表示两个地区存在环境不公平；EE 越大，表明两个地区产出同样经济效益耗费的环境成本差异越大，环境不公平程度越大。

刘蓓蓓（2009）从两个角度实证检验长江三角洲的环境公平性。一是基于自然资源禀赋的环境公平性，借鉴环境载荷与环境压强的部分内涵，构造了两个环境压力指数：单位水资源量的 COD 压力和单位面积的二氧化硫压力；二是基于经济产出的环境公平性，分别计算了长江三角洲基于 GDP 的化学需氧量和二氧化硫基尼系数和各地的绿色贡献系数。

王金南（2006）拓展了基尼系数的内涵，提出资源环境基尼系数的概念，采用梯形面积法计算，公式如下：

$$资源环境基尼系数 = 1 - \sum_{n=1}^{i} (X_i - X_{i-1})(Y_i + Y_{i-1}) \qquad (2.3)$$

其中，X_i 为人口等指标累积百分比；Y_i 为污染物的累积百分比；当 $i = 1$，(X_i, Y_i) 视为 $(0, 0)$。绿色贡献系数（GCC）的公式如下：

$$GCC = (G_i/G)/(P_i/P) \qquad (2.4)$$

其中，G_i、P_i 分别为地区 GDP 与污染物排放量或资源消耗量；G、P 分别为全国 GDP 与污染物排放量或资源消耗量，该公式用经济贡献率于污染排放量比率（资源消耗比率）的比值来表示。以绿色贡献系数作为判断不公平的因子，若 $GCC < 1$，则表明该地区污染排放的贡献率大于 GDP 的贡献率，则该地区可能将环境负担转嫁给其他地区来承担，其他地区分担了该地区的环境负担；若 $GCC > 1$，则表明该地区污染物排放的贡献率小于 GDP 的贡献率，该地区可能帮助其他地区承担环境负担。不管 GCC 大于还是小于 1，地区间的环境负担承担都存在不公平性，$GCC < 1$ 表明该地区是地区间环境负担不公平的推动者，$GCC > 1$ 表明该地区是地区间环境负担不公平的承受者。张音波（2008）的研究与王金南相同。

钟晓青（2008）认为，王金南（2002）、张音波（2008）构建的资源环境基尼系数会被误解为经济越发达的地区就可以多污染，这对欠发达国家（地区）是不公平的，也不符合可持续发展理论。具体而言，基于 GDP 的中国资源环境基尼系数的分析是不恰当的，应该基于环境或生态容量来计算资源环境基尼系数，根据生态学的生态容量理论，重新定义资源环境基尼系数，公式为：

$$资源环境基尼系数 = 1 - \sum_{n=1}^{i} (X_i - X_{i-1})(Y_i + Y_{i-1}) \qquad (2.5)$$

其中，X_i 为生态容量指标累积百分比；Y_i 为污染物排放量的累积百分比；

当 $i=1$，$(X_i、Y_i)$ 视为 $(0,0)$；并建立了绿色负担系数来评价省份间污染物排放的公平性，其公式为：

$$绿色负担系数(GBC) = (P_i/P)/(G_i/G) \qquad (2.6)$$

其中，G_i、P_i 分别表示各城市生态容量与污染物排放量或资源消耗量；G、P 分别表示全省生态容量与污染物排放量或资源消耗量。$GBC > 1$，则表明污染物排放（产生）的比率大于生态容量的占有率，说明其生态环境的压力比较大，表明该区域生态容量负担的污染物量大，公平性较差；若 $GBC < 1$，则表明污染排放比率小于生态容量的占有率，相对比较公平。

▎第二节 环境不公平的表现形式

环境公平问题的研究始于国外，尚未形成成熟的研究框架，国内相关研究较少，尚处于摸索阶段，并且国内外相关研究内容侧重点不同。本节分别从国外研究和国内研究①展开对环境不公平表现形式的述评。

一、国外研究综述

国外学者关于环境公平的研究是以不同群体间的环境不公平为主，研究主题主要集中于：已知的或未知的环境风险是否在不同人口特征之间以及不同社会经济地位的群体之间分布不等（Ringquist，2005；Mohai，2008）。

从群体间不公平的范围来看，一些学者认为环境不公平现象在全国范围存在（Mohai and Saha，2007）；一些学者认为环境不公平现象在州范围内存在（Pastor and Morello-Frosch，2004）；一些学者认为环境不公平现象在大城市范围内存在（Fricker and Hengartner，2001）。上述研究是关于美

---

① 国内研究和对既有研究成果的评价相关内容已发表，见钟茂初、闫文娟. 环境公平问题既有研究述评及研究框架思考. 中国人口·资源与环境，2012（1）：1-6.

国的环境不公平现象，还有研究得出环境不公平现象在英国、德国、新西兰等国家也都存在（Laurian，2008）。在环境风险因素方面，群体间环境不公平的污染源主要有：有毒的废物处理场（Anderton et al.，1994）、不活跃废弃物的修复地点（Stretesky and Hogan，1998）、工业设施有毒物质排放（Perlin and Wong，1999）和动态的交通污染（Chakraborty，2006）。

除欧美学者对环境风险在不同群体间的分配有大量研究，日本的环境经济学家也对群体间环境不公平从社会学的视角给予了关注。20世纪60年代，日本处于经济高速增长时期，由于没有有效控制环境污染，爆发了世界闻名的四大公害（宫本宪一，1975）：熊本县的水俣病、新泻的水俣病、四日市的哮喘病、富山县的疼痛病等，这次公害给居民带来了巨大的经济损失和健康损害，穷人、老人、妇女、儿童在这次公害中遭受的影响最为严重。70年代，日本一批著名的经济学家、社会学家及法学家深入研究了环境破坏给不同群体带来的差异化影响，其中著名环境经济学家宫本宪一总结的三条规律非常有名，被视为可用于分析环境受害的普遍规律，这三条规律可简单表述为（1）"生物学上的弱者"首先受害；（2）"社会上的弱者"首先受害；（3）环境受害会造成"绝对的不可逆损失"。①

除了群体间环境不公平的研究，国外学者从不同国家消费资源、能源不公平的角度对区际间环境不公平进行了研究。例如，帕迪拉和塞拉诺（Padilla and Serrano，2006）利用泰尔指数对全球温室气体排放的不公平进行分解，认为国家之间的发展差距是造成全球二氧化碳排放分布不公平的主要原因。

---

① 这里所说的"生物学上的弱者"就人类而言，是指老弱病残及妇女；"社会上的弱者"是指因社会、经济等原因而处于弱势地位的群体，主要是指发达国家的低收入群体和发展中国家的穷人等；所谓"绝对的不可逆损失"是指因环境污染所引起的健康障碍、不治之症以及死亡等。从日本的"公害"事件可以看出，低收入阶层和老弱病残等弱者最先受害，并且他们受到的负面影响最大。例如熊本水俣病的爆发，可以看出胎儿的受害率比较高，整个水俣病的受害顺序基本是按胎儿、幼儿、女性、老人、病人这个顺序来排列的；若从社会地位和收入水平来看，受害最多的是渔民和穷人。著名的环境社会学家饭岛伸子曾对这一状况做过调查分析，调查结果表明：虽然从整个水俣市的产业构成来看，渔业所占的比率还不足1%，但从受害者的职业来看，64.3%的患者家庭从事渔业；从阶层来看，大多数患者属于水俣市的下层居民，但这次事故可以认为是我们的社会精英推动的，甚至可以说环境破坏的主要责任在于"社会精英"。

二、国内研究综述

国内学者关于此问题的研究尚处于探索阶段，直接以环境不公平为研究内容的文献较少，并且多为社会学、伦理学、地理学、环境科学等学科的学者所做研究。洪大用（2001）是国内较早研究环境不公平的学者，他认为当前中国环境不公平有三种表现形式：国际层面的环境不公平、地区层面的环境不公平和群体层面的环境不公平。而群体间环境不公平主要有两种表现形式：一是社会上的高收入群体分享了更多的环境收益，却不愿承担相应的环境保护及治理的责任；二是当代人在满足自己的环境需求时，留给后代人可开发利用的资源、能源及可排放污染物的数量较有限。

笔者将已有直接或间接与环境不公平相关的文献分为以下三类。

第一，一些学者从生态足迹和虚拟水的角度研究了不同主体对环境恶化造成的影响不同。尚海洋等（2006）研究得出，每增加 1000 元人均可支配收入，将增大 0.2 公顷的家庭生态足迹。[①] 由于自然资源的有限性和不可更新资源的稀缺性，高收入群体对于资源的"消费优势"，减少了低收入群体利用自然资源的机会，可以看作是不同收入群体间的"掠夺"现象。李定邦（2009）研究得出中等收入家庭的平均生态足迹为 7.94 公顷，高收入家庭的平均生态足迹则达到了 20.69 公顷，该数值是低收入家庭的 4.4 倍，是生态承载力的 8.6 倍，低收入家庭和中等收入家庭生态足迹账户的主要构成是食物，而高收入家庭生态足迹账户占比最大的是住宅和交通，高收入家庭的住宅账户是 5.9 公顷，交通账户是 6.15 公顷，分别是低收入家庭的 19 倍和 14 倍，这两部分是使高收入家庭的生态足迹高出低收入家庭 4.4 倍的主要因素，分析其根本原因：一方面，高收入家庭的住宅

---

① 目前关于家庭生态足迹的研究不多见，家庭生态足迹（household ecological footprint, HEF）是利用生态足迹方法研究家庭消费所产生的环境影响，具体指生产用以维持家庭成员生存与生活消费的产品和服务的生产面积（土地和水域），简言之，将人类的消费折算成为所需求的自然资源。可支配收入是影响家庭消费结构的主要因素，由于收入水平差异导致了消费取向的不同，越是富有的人们，越是占用资源、能量更多的消费品，生态足迹越大。

面积大，能耗高；另一方面，高收入家庭的出行除私家车外多使用出租车和飞机，几乎不选择公交车和火车。苏芳等（2008）通过对张掖甘州农村居民不同收入群体家庭虚拟水①消费比较，得出最大的食物虚拟水消费出现在最高收入家庭，其值对应为8815.11立方米/户，最小值出现在最低收入群体，其值对应为2729.11立方米/户，进一步分析各收入群体家庭虚拟水消费的变化趋势，可以看出2005年张掖市甘州区农村居民各收入群体家庭的虚拟水含量都随着收入水平的提高而增大，家庭食物虚拟水消费随着可支配收入的增加而增大。

第二，一些学者研究了不同主体承受的环境风险不同。如同经济增长带来的收入或财富的分配并不均衡一样，生态环境灾难的"分配"也并不均等，而是具有明显的生物学和社会学意义上的"强弱"差异和阶层差异（张玉林，2009）。由于不同个体的收入状况和生理状况不同，气候变化给每一个个体带来的经济损失和健康损失也不尽相同。从群体差异看，由于极端贫困且公共卫生系统反应能力有限，气候变化对以下群体带来的负面影响更为显著：老人、儿童、女性、低收入者、欠发达地区贫困群体。气候变化使世界上贫困人口遭受越来越多的风险，据统计资料显示，2000～2004年，每年大约有2.62亿人遭受气候灾难影响，其中98%以上的人口来自发展中国家。在OECD国家中，遭受气候灾难影响的人口占比是1/1500，而在发展中国家该比例是1/19，两相对比，发展中国家居民遭受气候风险的概率是发达国家居民的79倍。相对于发达国家居民而言，发展中国家居民遭受环境恶化的影响极其严重，根据世界卫生组织（WHO）2002年的统计，每年约有80万人死于空气污染，其中绝大部分为发展中国家居民（姚从容，2011）。

第三，发达国家（地区）或高收入群体没有承担相应的环境保护责任。王凤（2008）借鉴《2006全国城市环保意识》这项调查问卷，在陕西省内组织随机抽样调查，应用多元回归分析方法对公众参与环保行为的影响因素进行了实证研究，发现收入对环保行为的影响程度不显著，不存

① 英国学者艾伦（Tony Allan）将这种在产品和服务生产过程中消耗的水资源称为虚拟水。

在收入水平越高环保行为越积极这样一个正相关关系。刘建国（2007）以兰州市居民为样本，通过对居民划分收入组别，调查每组收入群体近两年是否参加过兰州市的环境教育宣传活动（环境管理行为），结论表明高收入群体环境行为水平并不高。

三、对既有研究成果的评价

通过对国外环境不公平表现形式的研究成果概览式的列举可以发现，国外学者较早关注了环境不公平，并将研究重点放在群体之间环境不公平，而且在研究群体间环境不公平时更多关注的是环境风险在不同群体之间的分配、不同群体的划分，较少地按收入等因素来划分研究。总之，虽然现有的国外研究没有形成一个完整的理论体系，但仍为本书的写作提供了大量的线索和启示，督促笔者去思考，在中国环境不公平有哪些表现形式？

环境公平的研究在国内兴起较晚，虽然伦理学、法学、环境科学等学科都将环境公平作为自己的研究内容，但是伦理学、法学等学科对环境公平的研究缺乏定量分析，多基于价值判断以及政策建议的提出，显得缺乏信服力，而环境科学等学科对环境公平的研究又过于技术化，缺乏结论背后的经济含义分析，但以上研究都为本书研究视角的提出及分析框架的形成提供了重要的参考和依据，通过对不同群体间环境不公平的表现形式进行归类，笔者展开区际间环境不公平的研究。

▚第三节　环境不公平的成因

一、国外研究综述

关于哪个因素是影响群体间环境公平的主要因素，国外学者的观点主要如下：有学者认为种族是最重要的因素（UCC，1987）；有学者认为收入是最重要的因素（Asch，1978）；有学者认为二者都重要（Hamilton，

1995）；有学者认为二者都不重要（Bullard，1983）。主要观点有：穷人社区缺少政治谈判权力从而不能使那些废弃物工厂移出该居民区（Hamilton，1995）；住房成本在环境风险高的社区较为低廉，使废弃物工厂周围的住房受少数种族所欢迎（Oakes et al.，1996）。劳里安（Laurian，2008）总结了有毒工厂不公平分配的原因：历史遗留的工业和城市的发展；工业的需要（如选址想要临近交通运输网络）；社区的异质性（穷人相比富人迁徙能力差，行使自己权利的可能小）；土地市场的动态变化（污染工厂所在的土地比较便宜，经常坐落在被剥夺公民权利的社区）；贫困的家庭往往要在环境质量与低房价成本之间进行权衡。一些学者研究表明，环境政策不仅会导致环境规制成本（主要指经济负担）的不均匀分配，而且会导致低收入群体过多承担环境恶化的影响（主要指环境负担）：从政策执行过程中的引发的环境不公平来看，林奇等（Lynch et al.，2004）分析了针对汽油冶炼厂违反清洁空气法案、清洁水法案等进行的货币惩罚在不同民族、种族及收入群体的居民区是不一样的，低收入群体以及西班牙裔居住地区周围的冶炼厂受到的惩罚小于位于富裕的邮政划分地域的冶炼厂；巴（Bae，1997）评价了源自联邦清洁空气标准的执行带来的福利待遇（如健康、财产、失业风险），发现低收入和少数民族群体过少地获得该项政策的收益；当政府开始推行减排政策时，接踵而来的往往是大量的失业与能源、油价上涨，不过这些伴随的社会冲击，对社会的不同部门影响大不相同，总的来说，蓝领阶级受到冲击最大（Hamilton，1999）。玛格纳妮（Magnani，2000）在研究 OECD 国家收入差异对环境污染的影响时，发现国家间经济收入差距与环境污染治理投入方面的差距有直接的关系，这些差距间接导致不同收入群体在享受环境利益和承担环境成本之间的差异，造成了环境不公平问题。此外，关于国际环境不公平的原因还有贸易关系及产业转移等。

二、国内研究综述

国内学者关于群体间环境不公平成因的研究主要有：马春波（2010）通过实证方法得出结论：在中国，种族和收入并不是影响环境不公平的主要因素，农村居民尤其是农民工过多地承担了工业污染。卢淑华（1994）通过大量主观指标的调查，得出工人和一般干部居住在严重污染地区的机会要明显高于领导干部住在此类地区的机会，污染程度低的地方居住领导干部的比例要高。王慧（2007）认为，以市场机制为基础的环境规制会导致污染者将污染转移到低收入群体社区，污染税对低收入群体有累退效应。朱旭峰、王笑歌（2007）提出我国环境决策不公平，没有考虑地区、人群特点，环境政策的制定、执行使人群间环境消耗和环境责任不匹配，以及不同群体的环境参与不公平。潘晓东（2004）认为，造成穷人与富人之间环境不公平的原因主要来自政府管理。

关于区际间环境不公平的原因分析的文献得出如下结论：国内学者洪大用（2001）认为，在国际上，发达国家利用政治、经济、技术上的优势地位，在实施对发展中国家资源掠夺的同时，将高污染、高耗能产业甚至是有毒废弃物垃圾转移到发展中国家，造成了国与国之间在全球环境利益享有和责任承担上的不公平，因此经济发展差距是造成国家之间环境不公平问题的主要原因，并且发达国家的跨国公司通过合资、独资等渠道向不发达国家转移其高污染产业，甚至将大量生产和消费的废弃物直接输往许多发展中国家，发达国家在发展的过程中消费的资源远远多于发展中国家消费的，发达国家的发展一定程度上建立在不平等的国际经济秩序（发展中国家出口的都是高环境资源投入的初级产品，发达国家进口这些产品）之上，不但保护了本国的生态环境，而且侵占了发展中国家的环境利益和经济利益。靳乐山（1997）从环境质量需求和贴现率来分析国际及城乡污染转移，认为收入低的地区环境质量需求低以及发展中国家和农村因其较高的个人贴现率而不利于环境保护投资。黄之栋、黄瑞祺（2010）认为，环境不公平的原因有两点：从静态分析，企业选址考虑迁入地的资源丰富且一旦环境风险发生，赔偿金额少，居民接受企业在该地选址是因为可以使房价降低，能带来新的就业机会和金钱补偿可以弥补污染带来的损失；从动态分析，污染企业迁入使不愿与垃圾场为邻的有钱人会搬走，这里的房子会空下来，穷人有机会会搬进来。宋国平（2005）和庄渝平（2006）等通过对环境公平程度与经济发展差异之间的关系进行阐释，认为区域间经济发展水平的不平衡导致了区域间环境不公平。

三、对既有研究成果的评价

现有研究得出群体间环境不公平的原因有以下几类：种族、民族、经济收入、社会地位和政策管制；区际间环境不公平的原因是发展差距、国际贸易及产业转移。笔者认为，区际间环境不公平是由发展差距等因素造成的这样的结论，但现有关于该结论分析更多的是描述性归纳或通过简单的泰尔指数分解方法等得出结论，笔者在分析区际间环境不公平的形成原因时采取相对较为可靠的方法——基于回归方程的分解方法，以中国为例，实证验证了区际间环境不公平的主要原因是发展差距。

第四节　环境公平问题的研究方法

环境公平问题的研究尚处于摸索阶段，尚未形成成熟的研究方法，目前所使用的方法，多为借鉴其他研究领域既有的方法，本节内容对环境公平问题的研究方法做一个总结。

一、既有研究成果

（一）基于地理信息系统（GIS）获取相应的变量数据进而用计量模型的方法

GIS 提取变量及数据的方法主要有两种：一是居住单位与遭受污染风险的契合分析法（unit-hazard coincidence method，UHC），但是这个方法没有考虑环境风险准确的地理位置；二是"距离分析法"（distance-based method），该方法使用地理信息系统收集数据，并描绘出环境风险的精确位置，列出这些风险位置与附近居民点的距离。莫海（Mohai，2008）和南希·布鲁克（Nancy Brook，1997）采用了多变量回归和 Logistic 回归模型得出：教育程度低、贫困水平高以及少数民族集中的社区，更多地承受环境风险。格雷和沙德贝占安（Gray and Shadbegian，2005）采用横截面数据研究得出：坐落在穷人等居住地区的工厂由于当地环境规制的要求宽松会排放更多的污染。

（二）借鉴收入差距分析方法的环境公平分析

借鉴基尼系数以及洛伦兹曲线，用于环境公平的研究不失为一种可尝试的方法。国外利用收入差距的分析方法研究环境公平的文献较多，比如萨布希（Saboohi，2001）分析爱尔兰城市和农村之间能源消费的不平等程度；雅各布森（Jacobson，2005）使用洛伦茨曲线和基尼系数比较 5 个国家能源消费的分布得出，已完成工业化国家的电力消费具有较低的不平等性，而正在进行工业化的国家其电力消费则具有相对较高的公平性；李斯特（List，1999）构建环境基尼系数对全美的二氧化硫、氮氧化物等污染物的排放不平等程度进行刻画；米利米特和斯洛夫杰（Millimet and Slottje，2002）采用 Paglin-Gini 方法，对美国各州 1988～1996 年的大气污染与水污染的不平等程度进行了测算。

国内有学者在对基尼系数和洛伦兹曲线内涵扩展的基础上，通过计算不同地区的环境基尼系数并画出资源环境的洛伦兹曲线图，来分析不同地区对环境造成的不同影响。具体来说，以选作研究对象的各个省（自治区、直辖市）的 GDP 占全国的累积百分比作为横坐标，以污染排放量或者资源消耗量占全国的累积百分比作为纵坐标，按照两者的比值进行排序，便可做出中国资源环境的洛伦兹曲线图。这种方法可以做出各地区在资源消耗或者污染排放方面的基尼系数，只是无法排除地区之间的污染转移。滕飞、何建坤、潘勋章等（2010）提出以人均累积排放为基础的碳基尼系数，研究了不同国家的碳排放公平，得出目前碳排放空间严重不公，不公平分配的碳排放空间主要为发达国家过度占用这一结论。王金南、逯远堂、周劲松等（2006）借鉴基尼系数的算法，提出了资源环境基尼系数及绿色贡献系数的算法，资源环境基尼系数反映资源消耗或污染排放分配的内部公平性，绿色贡献系数则反映外部公平性，如果某个省份 GDP 占全国 GDP 的比例小于该省份污染排放量或资源消耗占全国总量的比例，则说明该省份侵占了其他省份的公平性，并分别计算了主要污染物的资源环境基尼系数和绿色贡献系数。邱俊永、钟定胜、俞俏翠等（2011）选取四个自然社会环境指标（人口、国土面积、当前化石能源探明储量和生态生产性土地面积），通过计算基尼系数评价了 G20 主要国家从工业革命开始至2006 年，二氧化碳累计排放量基于本国各自然社会环境指标的公平性程度。结果表明，基于本书四项指标的基尼系数均处于不公平和非常不公平状态，认为无论采用哪个指标衡量公平性，发达国家都应承担更大的减排责任，因为发达国家先行工业化进行大量污染累积，二氧化碳排放量占全球总排放量极大比例，是全球气候变暖的主要贡献者。王奇、陈小鹭、李菁（2008）以二氧化硫为例，构建环境基尼系数，分析中国各个省份之间的环境不公平状况，发现中国环境不公平比较严重，随后分析了中国二氧化硫排放不公平的主要影响因素：经济发展水平（各省人均 GDP）、经济的能源强度（各省的能源消耗与其 GDP 的比值）、能源的环境消耗强度（各省单位能耗的二氧化硫排放量），分别计算各省这三个因子的泰尔指数，发现各省二氧化硫排放不公平的 48% 可由各省的经济能源强度解释，各省经济发展水平的差异对二氧化硫排放不公平的贡献率高达 40%。

二、对既有研究成果的评价

GIS 提取变量及数据的方法在国外应用较为普遍，这是地理学科领域一种常见的方法，但是并不适合分析中国的环境不公平，因为该方法需要的数据在中国并不公开，因而采用该方法研究国内环境不公平的文献目前只检索到 1 篇，将该方法推广用于国内环境不公平的研究有很大的局限性。而借鉴收入分配的方法研究国家间及地区间的环境不公平给本书的研究提供了方便，国内已有的研究多利用收入分配的方法研究国家间的资源、能源使用不公平，或者计算中国各个省份的资源环境基尼系数，笔者受已有文献的启发，利用泰尔指数等衡量环境不公平的指数对中国各个省份间的环境不公平进行较为系统地刻画。

第五节　对环境公平问题研究框架的思考

环境公平问题的实质是由于经济利益不公平（社会各群体间经济利益的争夺导致的利益矛盾）而转化为环境问题以及环境利益的不公平。对此，既有研究虽然有所涉及，但没有把这一问题作为研究的主线，也就使其研究缺乏理论基础的支撑。

总体来看，关于环境公平的研究尚处于零星分散状态，研究视野较集中于族群环境公平等具体问题上，而缺乏全面的、系统性的研究。观点的提出和论证方向，主要源于直观感受而提出，而缺乏基础理论的逻辑分析。对于环境公平，也缺乏普遍认同的一般标准或原则，因此也就无法提出改善环境不公平的政策方向和政策主张。

笔者认为，研究环境公平问题，要把经济利益不公平转化为环境利益不公平作为环境问题的实质，即始终关注社会各个主体间经济不公平转化为环境不公平的问题。

环境公平问题所涉及的利益主体包括：（1）人类整体（全球社会及其成员、地球生态系统、后代人）；（2）国际上的利益主体；（3）国内的环境规制主体及代表全民利益的中央政府；（4）地方政府；（5）企业；（6）居民；（7）环保组织。两两主体之间都存在环境—经济利益关系，也就可能存在环境不公平问题。

一、环境不公平问题的表现形式

现有的环境公平的研究更多是发达国家尤其是美国国内群体之间的环境不公平，其实应该拓宽环境公平的研究视野，因为每种社会结构产生的环境不公平问题所捆绑的因素不同。与美国等发达国家的环境不公平捆绑在一起的因素是"种族""民族""贫困"，而中国的环境不公平问题更多应该关注随着中国经济的起飞，发达的东部地区和落后的中西部地区之间的环境不公平问题，以及包括中国在内的发展中国家与发达国家之间的环境不公平问题；伴随着中国经济增长，中国居民人均收入有所提高，但严峻的收入差距造成群体间环境不公平问题，以及城市和农村在环境污染分担过程中产生的环境不公平。国外关于环境不公平的研究更多强调环境污染在不同群体之间的分担，很少有研究分析不同群体、不同地区、不同国家在环境保护中承担责任的分配。

二、经济发展利益追求所导致的环境不公平问题

笔者认为，人类社会通过经济活动追求经济发展利益，往往会转化为环境问题和环境不公平，探讨实现环境公平的方向也应着眼于此。主要体现在以下方面。

第一，经济效率追求（效用最大化目标下的消费组合、利润最大化目标下的要素配置等）必然导致的生态环境损耗的最大化，而承受这一损耗或承担这一治理责任的，不是经济活动的行为者，而是全体社会成员，这就形成了经济利益与环境损益、经济利益与环境责任不对等环境不公平问题。

第二，经济增长追求（经济至上、消费至上、科技至上等促进增长的宏观经济政策）必然导致区域间以及群体间的发展差距，必然导致周期性的宏观经济波动。区域间以及群体间的发展差距往往会转化为环境损耗承受的差距，经济危机也通常会向生态危机转化并导致环境不公平问题。

第三，在以市场机制作为经济运行的基本原则的条件下，由于外部性①等市场失灵问题必然转化为环境问题与环境不公平问题。如生产及消

---

① 所谓外部性（externality），是指某个主体的行为给其他主体带来了积极的或消极的影响，但是并不为此得到相应的补偿或付出相应的代价。或者可以这样表达，外部性是指在缺乏任何相关交易的情况下，一方导致的后果由另一方承受。用效用函数的形式来表示：$U_A = U_A(X_1, X_2, X_3, X_4, \cdots, Y)$，其中 $X_i (i = 1, 2, 3, \cdots, n)$ 表示 A 的行为；Y 表示除 A 之外的其他个体的行为。其经济学含义是：一个人的效用除了由其自身决定之外，还受他人的影响。

费过程的外部性转化为环境问题与环境不公平；竞争形成"囚徒困境"转化为环境问题与环境不公平；"公有地悲剧"① 针对的对象往往是自然生态环境，必然导致环境不公平问题；政府失灵也会导致环境问题与环境不公平。

三、以经济学方法研究环境公平的问题

既然环境不公平问题大多是由经济利益不公平转化而来，那么采用经济学方法来研究就成了必然的途径。笔者认为，环境公平问题研究的主要方向是以经济学方法讨论如何在各个层次利益主体之间实现：（1）公平享有生态环境利益（包括初始禀赋利益、转化利益、共生利益）；（2）公平分配使用环境容量（在生态承载力许可范围内的经济活动规模）；（3）公平承受生态破坏及环境污染后果；（4）公平分担生态环境维护责任；（5）公平分担生态恢复及环境治理成本。

---

① 美国学者哈丁对"公有地悲剧"做了如下阐述：一群牧民生活在一片草原上，草原是对所有牧民开放的牧场，牧场为公有，每位牧民都有权在这里放牧，假使每位牧民都追求个人当前利益最大化，尽可能地增加自己的牲畜头数，当牲畜头数超过牧场的畜牧承载能力难以承载更多牲畜时，全体牧民将要分担由此带来的损害，但在这个增加畜牧头数的过程当中，每位牧民都认为自己增加畜牧头数获得全部收益，而成本由大家一起分担，因此必然会导致牧场退化甚至完全废弃的结果。"公有地悲剧"的实质是当每个人都努力实现自己的利益最大化，享受负外部性行为的收益，而负外部性的恶果转嫁给别人来承担，最终会导致全输的集体非理性的结果——"囚徒困境"。

第三章

中国区际间发展差距与
环境负担不公平的现状

2011 年，中国 GDP 超越日本，成为世界第二大经济体，然而创造世界奇迹的中国整体经济高速增长背后隐藏着两个急需关注的问题：第一，各省份经济发展极不平衡；第二，不同省份承担环境负担的不公平。本书的主线是区际间经济发展差距引致的环境不公平，本章分别刻画区际间经济发展差距和环境负担不公平，具体而言，首先简要描述中国各地区的经济发展差距现状，然后应用不同的指标，如泰尔指数、环境不公平指数、绿色贡献系数等指标对中国地区间环境负担不公平现状及环境治理投资不公平现状进行具体刻画。

▶ 第一节　中国区际间发展差距与环境负担不公平的
直观描述

在中国，各个省份的经济发展差距较大，如果不能采取有效的措施减缓各个省份间发展差距的继续扩大，最终势必会导致整体经济发展速度的下滑，而且，我们谈论环境问题时更多关注的是经济增长背后的环境污染代价，但实际上这种污染不是由各个省份公平合理地分担，造成环境严重恶化的省份与承担环境负担的省份二者主体并不一致。那么中国区际间经济发展差距及环境负担差距究竟有多大，本节将做一个简单刻画。

一、中国区际间发展差距的直观描述

由于自然、历史、社会等原因，西部地区经济发展相对落后于东部、中部地区，人均国内生产总值仅相当于全国平均水平的2/3，不到东部地区平均水平的40%。省际间发展差距极为悬殊，上海、北京和天津等地的人均GDP与其他省份相差较大，尤其是上海与其他省份差距最悬殊，且差距不断扩大。2000年，上海人均GDP为27187元，最低的贵州仅为2818元，两相对比，上海为贵州的9.65倍。2004年，上海人均GDP为43285元，贵州仅为4078元，两相对比，上海为贵州的10.62倍。2010年，上海人均GDP达到77205元，而贵州人均GDP也增长到9214元，上海为贵州的8.38倍。[①]

由表3-1和表3-2可以看出，东部地区人均GDP和中部、西部地区人均GDP的差距非常大，虽然表3-1显示中部、西部地区人均GDP在2005年以后增长较快，但是通过观察表3-2就可以发现，西部地区人均GDP不到东部地区人均GDP的一半，直到2012年才略有突破，中部地区人均GDP占东部地区人均GDP的比例也不到60%。

表3-1　　　　　1999~2016年东部、中部、西部地区人均GDP　单位：万元/万人

年份	东部人均GDP	中部人均GDP	西部人均GDP	年份	东部人均GDP	中部人均GDP	西部人均GDP
1999	10845.86	5798.45	4284.47	2008	37977.17	19950.41	16573.01
2000	11824.13	6369.80	4602.09	2009	40988.83	21867.07	18258.16
2001	13514.12	6702.91	5137.37	2010	46181.66	26495.22	22617.64
2002	15059.91	7294.77	5642.38	2011	47022.70	24165.97	23131.10
2003	17493.50	8204.45	6413.28	2012	49518.49	26098.65	25375.83
2004	20812.34	9768.69	7701.72	2013	52352.90	27676.32	27325.71
2005	23931.10	11830.34	9311.77	2014	54662.29	28956.38	28891.62
2006	27816.95	13734.48	11164.84	2015	56683.99	29694.39	29576.06
2007	32763.01	16583.32	13561.68	2016	59360.73	31198.4	30914.24

资料来源：根据国家统计局资料计算。

---

①　笔者根据相关年份统计年鉴测算得出。

表3-2　　　1999～2016年人均GDP东、中、西部地区相对比例变化　　单位：%

年份	中部比东部	西部比东部	年份	中部比东部	西部比东部	年份	中部比东部	西部比东部
1999	53.46	39.50	2005	49.44	38.91	2011	51.39	49.19
2000	53.87	38.92	2006	49.37	40.14	2012	52.70	51.25
2001	49.60	38.01	2007	50.62	41.39	2013	52.86	52.20
2002	48.44	37.47	2008	52.53	43.64	2014	52.97	52.85
2003	46.90	36.66	2009	53.35	44.54	2015	52.39	52.18
2004	46.94	37.01	2010	57.37	48.98	2016	52.56	52.08

资料来源：根据国家统计局资料计算所得。

二、中国区际间环境负担不公平的直观描述

《瞭望周刊》综合世界银行、中科院和环保总局的测算，全国有70%的江河水系受到污染，40%基本丧失了使用功能，流经城市的河流95%以上受到严重污染；3亿农民喝不到干净水，4亿城市人呼吸不到新鲜空气；1/3的国土被酸雨覆盖，世界上污染最严重的20个城市我国占了16个。[①]

根据国家环保总局与国家统计局于2006年9月联合发布的第一份中国绿色GDP核算研究报告——《中国绿色国民经济核算研究报告2004》及《中国环境经济核算研究报告2008（公众版）》，发现2004年中国因环境污染造成的经济损失约为5118亿元，占GDP总量的3.05%；2004年生态环境退化成本为7291.59亿元，2008年的生态环境退化成本达到12745.7亿元，占当年GDP的3.9%，和2004年相比，生态环境退化成本增长了74.8%；2004年虚拟治理成本为2875.199亿元，2008年环境的虚拟治理成本已经高达5043.1亿元，占当年GDP的1.54%，虚拟治理成本相比2004年增长了75.4%。[②]

以上数据只是描述了中国整体环境污染的严重程度，实则中国各省份之间尤其是东部、中部、西部之间的环境负担差距非常明显。中科院2011

① 赵晓. 经济放缓未必是件坏事 [EB/OL]. http://finance.sina.com.cn/review/hgds/20120607/162612252033.shtml.

② 21世纪经济报道, http://finance.sina.com.cn/roll/20101228/09259172664.shtml.

年7月29日首次发布了中国各地 GDP 质量内涵与排序报告，该报告提出了"中国 GDP 质量指数"（涵盖经济质量、社会质量、环境质量、生活质量和管理质量五大内容），并以此对各省份的 GDP 质量排名，其中，北京、上海、浙江、天津和江苏位列前五，而西部省份在 GDP 质量排序中相对位于比较靠后的位置。GDP 总量排序靠前的东部发达省市的 CDP 质量排序同样靠前，位居前十名的基本全部都是 GDP 总量靠前的省市。相应的，GDP 总量排序原本靠后的中西部省份在 GDP 质量排序中依然靠后，位居后十名的基本全都是经济落后的中西部地区。尤其是最后七名更是清一色的西部省区。根据该报告对中国各地区 GDP 质量进行的排序，前 10 名依次是：北京、上海、浙江、天津、江苏、广东、福建、山东、辽宁、海南。后 10名依次是：江西、湖南、山西、广西、云南、新疆、青海、贵州、甘肃、宁夏。[①] 以上通过环境质量和生活质量等指标修正的中国 GDP 排名表明，中国西部地区的 GDP 质量排名普遍靠后，通过排名，我们只能猜测西部地区的环境质量、经济质量及社会质量等可能低于东部地区，但无法仅就环境质量单一指标进行考察，下面仅对各地区环境质量差距进行对比，通过对各省份的环境负担差距进行具体的统计描述对比，体现各省份的环境负担不公平。

（一）各区域工业产值及污染物占比的不匹配状况

对比东部、中部、西部地区的工业增加值和环境污染状况，会发现更加明显的环境负担差距和环境治理责任差距。如表 3 - 3 所示，工业产值东部集聚和环境污染西部转移非常明显，东部地区的工业增加值超过全国一半，但是工业污染占比（工业废水、工业固体废物以及二氧化硫的排放占比）远远小于工业增加值占比。东部地区[②] 2008 年的工业增加值相比 1998年在增加，但是环境污染却在大幅度减少。而西部地区工业增加值也呈现

---

① 凤凰网，http：//finance. ifeng. com/news/20110801/4330612. shtml.
② 东部、中部、西部三大区域的划分标准参考《中国统计年鉴 2006》的标准：东部地区包括北京、天津、河北、上海、江苏、浙江、福建、山东、广东、海南、辽宁；中部地区为山西、安徽、江西、河南、湖北、湖南、吉林、黑龙江；西部地区包括内蒙古、广西、四川、重庆、贵州、云南、陕西、甘肃、青海、宁夏、新疆（西藏部分数据缺失严重，因此将其剔除）。

微弱增加的趋势，但是环境污染却大幅度增加。

表3－3　　　　1998 年和 2008 年东部、中部、西部地区工业产值及
污染物占比

地区	年份	工业增加值（万亿元）	工业废水（亿万吨）	工业固体废物（亿万吨）	工业二氧化碳（亿万吨）
东部	1998	59.10	48.80	16.00	43.20
	2008	60.39	29.72	8.94	36.28
中部	1998	26.20	30.00	33.20	25.70
	2008	23.51	24.05	19.35	27.14
西部	1998	14.70	21.30	50.80	31.10
	2008	16.10	46.23	71.71	36.58

资料来源：笔者根据《中国统计年鉴》计算。

（二）各区域单位工业产值废弃物排放的不均衡

从工业废弃物排放强度来看，各省区之间也极不均衡。工业废弃物排放强度的核心指标是工业废弃物排放系数，即单位工业产值所产生的各类废弃物排放量。如表3－4所示，西部地区工业总产值占全国的比例与东部相比不足1/5，但西部地区的工业固体废弃物排放系数却是东部地区的50倍。

表3－4　　　东部、中部、西部地区单位工业产值废弃物排放的不均衡

地区	工业总产值结构（%）	工业固体废弃物排放系数（吨/亿元）	工业废水排放系数（吨/万元）	工业废气排放系数（标立方米/元）
东部	63.1	19.46	25.84	2.64
中部	23.45	442.53	34.14	3.61
西部	13.45	985.56	51.35	6.27
全国	100	248.75	31.2	3.36

资料来源：李国柱. 经济增长与环境协调发展的计量分析 [M]. 北京：中国经济出版社，2007：71.

（三）污染物排放省际间的不均等状况

各类污染物排放在各省区之间极不均衡。在 1999～2008 年的样本期间，废水、固体废弃物及二氧化硫在各省份排放的不均等程度如表3－5所

示。固体废弃物排放的不均等程度最严重，各年份的基尼系数均在 0.7 以上；废水排放的基尼系数从 1999 年到 2008 年逐年上升；二氧化硫的基尼系数稳稳落在 0.4 周围，二氧化硫的排放的不均等程度最严重时期达到 0.44。

表 3 - 5　　　　不同污染物在各省份的不均等程度（基尼系数）

污染物	1999 年	2000 年	2001 年	2002 年	2003 年	2004 年	2005 年	2006 年	2007 年	2008 年
废水	0.25	0.28	0.27	0.28	0.32	0.33	0.36	0.35	0.35	0.36
二氧化硫	0.44	0.42	0.42	0.42	0.44	0.41	0.39	0.41	0.41	0.40
固体废弃物	0.74	0.72	0.75	0.73	0.72	0.73	0.72	0.73	0.74	0.73

资料来源：笔者根据相关数据计算得出。

　　直观来判断就可得出：如此严重的环境负担不公平现状，很大程度上与各区域间日益扩大的发展差距有着非常密切的关系。

第二节　基于相关指数对区际间环境负担不公平的刻画

　　本节利用不同的指标对区际间环境负担不公平进行进一步刻画。由于不同指标的含义不同、侧重点不同，因而采用几种不同的指标对目标对象进行分析和比较，得出来的结果相对比较客观。笔者选取较为常见的三种指标：泰尔指数、环境不公平指数和绿色贡献系数分别对中国不同省份间环境负担不公平进行刻画。

一、基于泰尔指数对区际间环境负担不公平的刻画

　　本节采用泰尔指数①来测度区际间环境负担不公平程度以及环境治理

---

　　① 一般而言都是采用基尼系数（Gini Coefficient）和泰尔指数（Theil Index）来测量目标变量的不均等的状况，它们的值越大，就表明目标变量不均等的程度越大；而值越小，则表明目标变量的不均等程度越小。但是，它们具有不同的特点：基尼系数分布在 0 ~ 1，利于不同地区和时期收入差距的比较，但是，这一系数很难分解为地区间的目标变量的差距。

投资省际间不公平程度。泰尔指数是一个常用来衡量收入差距程度的指标，除此之外，还可以用来分析组间、组内差距以及变化情况。泰尔指数比基尼系数、阿特金森指数等描述地区间差异（或称不平等程度）指标更能符合本书的要求，能更准确反映各区域之间以及各区域内部环境负担的差异程度，以及总差异中有多大份额是由区域内部差异产生的，有多大份额是由区域之间差异产生的。

设 E、M、W 分别表示东部、中部、西部三个地区，T_E、T_M、T_W 分别表示东部、中部、西部地区各省份环境负担差异的泰尔指数，根据泰尔指数的计算公式，可得：

$$T_E = \sum_{i=1}^{n} \frac{P_i}{P_E} \ln \left(\frac{P_i/P_E}{G_i/G_E} \right) \tag{3.1}$$

$$T_M = \sum_{i=1}^{n} \frac{P_i}{P_M} \ln \left(\frac{P_i/P_M}{G_i/G_M} \right) \tag{3.2}$$

$$T_W = \sum_{i=1}^{n} \frac{P_i}{P_W} \ln \left(\frac{P_i/P_W}{G_i/G_W} \right) \tag{3.3}$$

东部、中部、西部三大经济带间的泰尔指数为：

$$T_B = \frac{G_E}{G} \ln \left(\frac{G_E/G}{P_E/P} \right) + \frac{G_M}{G} \ln \left(\frac{G_M/G}{P_M/P} \right) + \frac{G_W}{G} \ln \left(\frac{G_W/G}{P_W/P} \right) \tag{3.4}$$

则总的泰尔指数可以表示为：

$$T = T_B + \frac{P_E}{P} T_E + \frac{P_M}{P} T_M + \frac{P_W}{P} T_W = T_B + T_W \tag{3.5}$$

其中，P_i 表示第 i 个省份的废水排放量；P_E、P_M、P_W 分别表示东部、中部、西部三大地区的废水排放量；G_i 表示第 i 个省份的工业总产值；G_E、G_M、G_W 分别表示东部、中部、西部三大地区的工业总产值；G 和 P 分别表示全国总的工业总产值和废水排放量。

以废水为例，由图 3-1 可看出，中部地区各省份废水的负担差距是最小的，西部地区各省份废水的负担差距是最大的，并且在 2008 年达到了峰值，然后这种差距减小，东部地区各省份的废水负担差距波动较平稳。看全国总体情况，总体来说波动较小，2008 年是个小的峰值，并且不管是东部、中部、西部地区内部废水负担的差距还是总废水负担差距在 2008 年以后都有下降的趋势，具体数值如表 3－6 所示。泰尔指数最大的一个优点是它可以衡量组内差距和组间差距对总差距的贡献。我们用分解泰尔指数观察东部、中部、西部地区间差距以及它们对总差距的贡献，如表 3－7 所示。

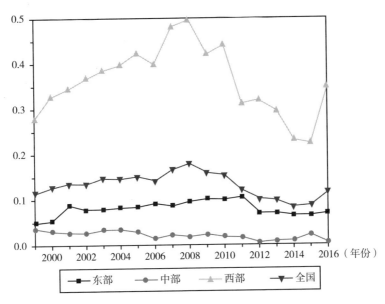

图 3－1　我国省级地区间废水污染负担差距变化趋势（以工业产值为权重）

表 3－6　　　　　　　1999～2016 年以工业产值为权重的废水泰尔指数

年份	东部地区	中部地区	西部地区	区域间	区域内	总和
1999	0.0399116	0.0646045	0.2795848	0.0475509	0.1020581	0.1496091
2000	0.0373360	0.0490118	0.3104658	0.0526740	0.1034244	0.1560984
2001	0.0623850	0.0441655	0.3318173	0.0363877	0.1162568	0.1526445
2002	0.0508323	0.0467045	0.3497274	0.0384126	0.1149213	0.1533340
2003	0.0602635	0.0548693	0.3547717	0.0523038	0.1258892	0.1781930
2004	0.0792457	0.0536479	0.3564686	0.0465979	0.1340785	0.1806765
2005	0.0709600	0.0466014	0.3586081	0.0388871	0.1286511	0.1675382
2006	0.0728684	0.0201850	0.3379037	0.0339797	0.1164970	0.1504767
2007	0.0649959	0.0249170	0.3632708	0.0357914	0.1225565	0.1583479

年份	东部地区	中部地区	西部地区	区域间	区域内	总和
2008	0.0723127	0.0174497	0.3638338	0.0377265	0.1282973	0.1660238
2009	0.0745042	0.0135100	0.3198293	0.0303410	0.1147356	0.1450766
2010	0.0795537	0.0154671	0.3599591	0.0214419	0.1228795	0.1443214
2011	0.0872847	0.0188706	0.3225337	0.0109122	0.1142039	0.1251161
2012	0.0567067	0.0354867	0.3105462	0.0135179	0.0995096	0.1130276
2013	0.0539684	0.0296060	0.3285642	0.0149932	0.1001181	0.1151112
2014	0.0522076	0.0298466	0.2713650	0.0133277	0.0889512	0.1022788
2015	0.0535483	0.0332537	0.2498699	0.0172803	0.0865494	0.1038297
2016	0.0743172	0.0420573	0.2625040	0.0191812	0.1061773	0.1253585

表 3-7　　　　1999~2016 年中国区域废水负担总体差异的分解
（以工业产值为权重）

年份	东部贡献	中部贡献	西部贡献	区域内贡献	区域间贡献
1999	0.1271226	0.1271836	0.4278591	0.6821651	0.3178349
2000	0.1147204	0.0913155	0.4565229	0.6625589	0.3374411
2001	0.2096766	0.0777840	0.4741573	0.7616180	0.2383821
2002	0.1711226	0.0809383	0.4974227	0.7494836	0.2505164
2003	0.1714578	0.0816994	0.4533195	0.7064767	0.2935233
2004	0.2285596	0.0764116	0.4371206	0.7420919	0.2579081
2005	0.2297043	0.0659309	0.4722558	0.7678910	0.232109
2006	0.2629777	0.0327104	0.4784978	0.7741860	0.2258140
2007	0.2196378	0.0377204	0.5166118	0.7739699	0.2260300
2008	0.2287852	0.0250055	0.5189736	0.7727644	0.2272357
2009	0.2700736	0.0231286	0.4976599	0.7908621	0.2091379
2010	0.2911758	0.0276756	0.5325780	0.8514295	0.1485705
2011	0.3799842	0.0398315	0.4929675	0.9127833	0.0872168
2012	0.2663153	0.0870854	0.5270005	0.8804013	0.1195987
2013	0.2471239	0.0720135	0.5506130	0.8697506	0.1302495
2014	0.2708707	0.0798858	0.5189354	0.8696920	0.1303080
2015	0.2710331	0.0889295	0.4736077	0.8335704	0.1664296
2016	0.3089401	0.0886633	0.4493859	0.8469894	0.1530106

由表 3-7 可看出，中部地区的贡献率最低，西部地区的贡献率最高。区域内的贡献率逐渐上升，对总差距的贡献率在一半以上，区域间的贡献率逐渐下降。

以上计算泰尔指数是以工业产值为权重，还可以选用 GDP 为权重计算泰尔指数及贡献率。表 3-8、表 3-9 分别是以 GDP 为权重的废水泰尔指数和总体差异分解。通过对比发现，以 GDP 为权重计算的泰尔指数小于以工业增加值为权重计算的泰尔指数。1999 年以工业产值为权重计算的泰尔指数为 0.1496，以 GDP 为权重计算的废水泰尔指数为 0.1148；2006 年，以工业产值为权重计算的废水泰尔指数为 0.1504，以 GDP 为权重计算的泰尔指数为 0.1408；2016 年，以工业产值为权重计算的废水泰尔指数为 0.1254，以 GDP 为权重计算的泰尔指数为 0.1146。以工业增加值为权重计算的废水排放泰尔指数更能揭示区域间废水排放的差异，而以 GDP 为权重则掩盖了这种差异。以 GDP 为权重分解的各区域对总的废水排放泰尔指数的贡献率来看，贡献率由 1999 年的 15% 降低到 2016 年的个位数 2%，而用工业增加值为权重计算的区域间废水排放泰尔指数对总的废水排放泰尔指数贡献率在 1999 年为 31%，直至 2009 年仍保持在 20%，经过平缓波动，在 2016 年这一数值为 15%。其中一个重要原因就是废水排放的主要来源是工业部门，以 GDP 为权重计算的泰尔指数反映的是地区经济发展水平对区域废水排放差异的影响，而以工业增加值为权重计算的泰尔指数反映的是地区工业化程度对区域废水排放差异的影响。另外，从泰尔指数的计算方法来看，当地区废水排放量占全国的比例与其 GDP 占全国的比例（或工业增加值占全国的比例）二者的数值越接近，计算得到的泰尔指数越小。本书以工业增加值为权重计算的泰尔指数较大，说明我国东部、中部、西部三大地区的废水排放量占全国的比例与其工业增加值占全国的比例二者差距较大，但与其 GDP 占全国的比例较为接近。从原始数据来看，东部地区的废水排放量占全国的比重在 1999~2016 年在 22%~54%，东部地区工业产值占全国工业产值的比重在 1999~2016 年在 60%~66%。东部地区 GDP 占全国 GDP 的比例在 1999~2016 年在 55%~57%，可以看出，东部地区废水排放占全国的比例与东部地区工业生产总值占全国工业生产总值比例的差距大于东部地区 GDP 占全国 GDP 比例的差距。分别以工业总产值和 GDP 为权重的化学需氧量排放、废气排放、二氧化硫排放的泰尔指数及区际间分解不做具体分析，分析方法类似废水排放的泰尔指数的分析。

表 3 - 8   1999 ~ 2016 年以 GDP 为权重的废水泰尔指数

年份	东部地区	中部地区	西部地区	区域间	区域内	总和
1999	0.0486471	0.0367694	0.2756785	0.0176775	0.0971282	0.1148058
2000	0.0534713	0.0303121	0.3267309	0.0178935	0.1094583	0.1273518
2001	0.0864868	0.0266315	0.3439400	0.0081781	0.1265525	0.1347306
2002	0.0769030	0.0261058	0.3660685	0.0077340	0.1264689	0.1342029
2003	0.0782938	0.0346607	0.3835086	0.0111101	0.1362115	0.1473216
2004	0.0834506	0.0346223	0.3949214	0.0066394	0.1398931	0.1465325
2005	0.0841998	0.0289432	0.4224515	0.0055902	0.1457319	0.1513221
2006	0.0907980	0.0145692	0.3976434	0.0032331	0.1375941	0.1408273
2007	0.0858912	0.0225089	0.4813543	0.0054521	0.1597514	0.1652035
2008	0.0948904	0.0192754	0.4954002	0.0075685	0.1717482	0.1793168
2009	0.1015490	0.0222760	0.4187990	0.0050874	0.1534771	0.1585646
2010	0.1003670	0.0184441	0.4394498	0.0024757	0.1516162	0.1540919
2011	0.1044218	0.0154937	0.3098913	0.0001479	0.1202287	0.1203766
2012	0.0690163	0.0044744	0.3192854	0.0011242	0.0991180	0.1002423
2013	0.0692958	0.0072187	0.2936442	0.0016281	0.0951925	0.0968207
2014	0.0644162	0.0098684	0.2298388	0.0010542	0.0818384	0.0828926
2015	0.0648812	0.0218983	0.2236811	0.0019358	0.0841981	0.0861340
2016	0.0685846	0.0044101	0.3487964	0.0028481	0.1117594	0.1146076

表 3 - 9   1999 ~ 2016 年中国区域废水负担总体差异的分解
（以 GDP 为权重）

年份	东部贡献率	中部贡献率	西部贡献率	区域内贡献率	区域间贡献率
1999	0.2019179	0.0943299	0.5497741	0.8460220	0.1539780
2000	0.2013847	0.0692234	0.5888874	0.8594955	0.1405045
2001	0.3293324	0.0531395	0.5568281	0.9393001	0.0606999
2002	0.2957925	0.0516902	0.5948876	0.9423704	0.0576297
2003	0.2694351	0.0624239	0.5927268	0.9245859	0.0754141

年份	东部贡献率	中部贡献率	西部贡献率	区域内贡献率	区域间贡献率
2004	0.2967704	0.0608036	0.5971156	0.9546897	0.0453103
2005	0.3017711	0.0453365	0.6139499	0.9630575	0.0369425
2006	0.3501374	0.0252276	0.6016768	0.9770418	0.0229582
2007	0.2782037	0.0326609	0.6561328	0.9669974	0.0330025
2008	0.2779619	0.0255741	0.6542563	0.9577923	0.0422076
2009	0.3367966	0.0348926	0.5962263	0.9679155	0.0320845
2010	0.3440620	0.0309096	0.6089620	0.9839336	0.0160664
2011	0.4724868	0.0339912	0.4922932	0.9987713	0.0122870
2012	0.3654658	0.0123808	0.6109381	0.9887848	0.0112152
2013	0.3772521	0.0208759	0.5850556	0.9831837	0.0168163
2014	0.4123758	0.0325907	0.5423156	0.9872822	0.0127179
2015	0.3958608	0.0705932	0.5110705	0.9775246	0.0224754
2016	0.3118545	0.0101693	0.6531247	0.9751486	0.0248514

二、基于绿色贡献系数及环境不公平指数对区际间环境负担不公平的刻画

采用泰尔指数来分析不同地区间的环境负担不公平，可以较好地了解东部、中部、西部地区及区域内、区域间的废水泰尔指数，以及东部、中部、西部地区及区域内、区域间对总体差异的贡献，但如果想更加具体地知道每个省份与其他省份之间的环境不公平状况，泰尔指数则无法实现，需要借鉴赵海霞（2009）提出的环境不公平指数来测算中国各省份环境负担不公平程度。环境不公平指数是指如果两个地区的经济总产值与环境污染这一比值相等，则两个地区间基本实现了环境公平，否则，没有实现环境公平。

环境不公平指数是比较两个地区间的环境不公平程度，用两个地区产生同样经济效益付出的环境成本来比较，考察其绝对值，但是从绝对值上仅能看出两个地区之间是否存在环境不公平，无法看出谁是环境不公平的推动者，谁是环境不公平的被动承受者，而绿色贡献系数较为清晰地刻画

出每个省份在区际间环境不公平扮演的角色。绿色贡献系数（GCC）由国内学者王金南（2006）提出，计算原理类似环境不公平指数。笔者将东部、中部、西部地区的绿色贡献系数进行测算，计算结果如表3-10所示。

表3-10 1999~2016年东部、中部、西部地区绿色贡献系数

年份	$(G_i/G)/(P_i/P)$			年份	$(G_i/G)/(P_i/P)$		
	东部地区	中部地区	西部地区		东部地区	中部地区	西部地区
1999	1.205658	0.896661	0.778668	2008	1.129257	1.019918	0.781055
2000	1.203306	0.894385	0.753682	2009	1.135375	0.988507	0.837061
2001	1.092701	0.866757	0.757716	2010	1.067671	0.924366	0.860129
2002	1.121144	0.885310	0.772960	2011	1.030992	0.932376	0.999570
2003	1.144064	0.865943	0.727839	2012	1.045129	0.892883	1.030008
2004	1.091233	0.884121	0.738113	2013	1.049788	0.880536	1.037355
2005	0.998169	0.904693	0.696882	2014	1.039961	0.900014	1.031525
2006	1.106666	0.967618	0.821860	2015	1.054584	1.018980	0.883238
2007	1.072007	0.954034	0.758901	2016	1.053038	0.895444	1.035608

根据我们的测算结果，绝大多数年份东部地区的绿色贡献系数大于中部地区的该值，而中部地区的绿色贡献系数又大于西部地区该值。表面上来看，东部地区的经济贡献率大于污染排放的贡献率，而西部地区污染排放的贡献率大于经济贡献率。东部地区在经济起飞的时候消耗了由西部地区提供的大量资源能源，东部地区的经济获得飞速发展，而西部的资源大省承担了资源能源开采的成本，背负着污染大省的恶名，并且在资源能源有限及环境承载力一定的前提下，西部地区的发展却因此受到约束，面临着经济发展和治理环境的双重困境。当然我们在计算绿色贡献系数时没有剔除地区之前的污染转移，现在得出的绿色贡献系数包含地区间污染产业转移的指标，也就是说西部某些地区环境污染排放的贡献率并不大于GDP的贡献率，可能存在地区间污染产业转移，导致西部地区污染排放的贡献率大于GDP的贡献率的情况。

以上两个指标都没有考虑地域本身的环境容量差异，环境不公平指数是计算两个地区之间的环境不公平，其实只需考察某一个省份的经济增长

所耗费的环境代价，便可知该地区对其他地区的环境负担带来正面还是负面影响，借鉴赵海霞（2009）的思路，将环境不公平指数做一个修改，进一步消除地域本身差异带来的环境容量的差异，环境不公平的表达式变为：

$$EE_i = T_i/S_i \tag{3.6}$$

其中，$T_i = G_i/P_i$；EE_i 表示环境不公平指数；T_i 为单位经济效益占用的环境成本；G_i 表示 i 地区产生的经济效益；P_i 是 i 地区的环境污染排放量；S_i 表示该地区的地理面积。该式表示每平方公里面积上单位污染排放产生的经济效益，EE_i 越大表示该地区产生同等单位经济效益占用的环境成本越低。

由于工业活动是环境污染废弃物的主要来源，本章选择 1999～2016 年 29 个省份的废水排放、工业增加值及各省份占用的国土面积来计算环境不公平指数（数据源自相应年份的《中国统计年鉴》及国家统计局的环境专题部分）。其中，工业产值以 1998 年为基期用工业生产者出厂价格指数来平减。中国各省份环境不公平指数的测算结果如表 3 – 11～表 3 – 13 所示。

由表 3 – 11～表 3 – 13 可看出，环境不公平地区差异非常之大。具体说来，东部 10 省份的环境不公平指数级别最高，均值为 487.4386 万元/万吨·平方公里，也就是说该地区产生同等单位经济效益占用的环境成本较低。中部为 24.4714 万元/万吨·平方公里，西部 19.29168 万元/万吨·平方公里，数据显示，西部地区产生同等单位经济效益占用的环境成本最高，可见，三大区域环境不公平程度差异很大，尤其是东部地区和中部、西部地区之间。

东部地区的环境不公平指数均值远远大于中部、西部地区，并且这种差距在增加，且 1999～2016 年基本上呈上升趋势，从 1999 年的 1.044108 万元/万吨·平方公里，上升到 2016 年的 841.3732 万元/万吨·平方公里。中部、西部地区的均值虽然远远小于东部地区，但也呈上升趋势，中部地区从 1999 年的 0.076924 万元/万吨·平方公里上升到 2016 年的 42.3673 万元/万吨·平方公里；西部地区从 1999 年的 0.049954 万元/万吨·平方

表 3－11　　1999～2016 年东部地区各省份环境不公平指数

单位：万元/万吨·平方公里

年份	北京	天津	河北	上海	江苏	浙江	福建	山东	广东	辽宁	平均值	总平均值
1999	1.567998	4.417032	0.106767	3.388257	0.170919	0.232083	0.195641	0.194033	0.114314	0.054038	1.044108	487.4386
2000	216.2239	398.6947	12.80724	435.0376	19.11992	21.67179	20.94551	20.56032	11.05295	5.797142	116.1911	
2001	264.815	380.8628	12.04046	519.4358	15.95174	20.54928	19.67983	21.69659	11.90017	6.961418	127.3893	
2002	349.7575	428.2273	12.68702	617.5357	19.26627	22.82513	20.50213	26.77338	12.83881	8.386101	151.8799	
2003	568.8377	533.9991	13.61722	802.7856	24.59514	27.81235	18.5129	30.05702	14.60971	9.369637	204.4196	
2004	728.4532	623.2075	13.14197	1026.502	27.14438	33.14623	18.22687	33.78109	16.3498	10.37098	253.0324	
2005	777.4746	591.7181	15.8892	1250.726	29.55999	32.15389	18.39242	37.47966	19.67127	13.049	278.6114	
2006	1054.906	889.3972	17.56337	1489.587	35.32571	35.7047	21.93927	42.63895	22.04052	15.19767	362.43	
2007	1346.799	1105.153	20.58704	1684.935	43.44559	41.45107	24.55556	41.7622	25.26955	17.94559	435.1903	
2008	1456.769	1431.005	21.78431	2026.546	50.03091	45.31709	27.46098	43.30952	28.25796	20.1068	515.0588	
2009	1601.094	1722.626	27.23315	2129.935	57.51073	47.9225	31.35151	47.39859	29.98569	25.47013	572.0527	
2010	1998.158	1971.712	28.80573	2824.323	60.94603	50.81117	43.75699	43.29443	31.32684	30.4183	708.3552	
2011	2045.933	2325.201	31.76276	2489.167	71.03002	66.9724	35.40553	51.24226	37.00052	32.80665	718.6521	
2012	2110.478	2798.504	34.44906	2397.639	81.88858	74.69837	66.53429	56.89912	40.45316	42.51568	770.406	
2013	2272.596	3222.219	41.97937	2506.276	95.41388	84.17793	76.03413	62.37902	42.90201	48.1122	845.209	
2014	2491.129	3482.991	45.08937	2701.991	110.4648	98.86268	87.20746	66.62868	47.27479	55.17628	918.6815	
2015	2601.786	3812.206	55.29151	2560.271	119.4594	106.7274	104.9273	69.09862	48.92606	60.48216	953.9175	
2016	2304.384	3128.224	41.71441	2531.069	95.65133	86.28775	74.02175	61.24954	43.31131	47.81859	841.3732	

单位：万元/万元

表3-12　1999~2016年中部地区各省份环境不公平指数

年份	山西	吉林	黑龙江	安徽	江西	河南	湖北	湖南	平均值	总平均值（平方公里）
1999	0.1081	0.0759	0.0513	0.0994	0.0739	0.1143	0.054	0.0384	0.075924	
2000	15.4009	8.8956	4.7658	10.9351	8.0022	11.053	5.7971	4.5305	8.672523	
2001	17.7945	10.3024	5.3777	13.2811	9.1452	11.9002	6.9614	5.1409	9.987908	
2002	20.6667	11.8482	5.8753	13.6813	9.73	12.8388	8.3861	5.3275	11.04423	
2003	23.8844	14.8482	5.6899	15.1332	10.5776	14.6097	9.3696	5.4862	12.44985	
2004	26.8472	16.2399	6.6956	16.4455	11.6171	16.3498	10.371	6.2909	13.85712	
2005	29.4844	15.1298	6.9039	19.8215	13.8793	19.6713	13.049	7.1894	15.64107	24.4714
2006	24.9396	18.9581	7.1604	21.2252	13.9497	22.0405	15.1977	10.4066	16.7347	
2007	31.4648	23.9396	8.6592	24.4961	14.9233	25.2696	17.9456	12.2972	19.8744	
2008	31.6442	29.2308	8.7092	30.9478	17.5727	28.258	20.1068	15.4737	22.7429	
2009	32.4132	35.2871	10.4121	35.2794	21.2389	29.9857	25.4701	17.5759	25.9578	
2010	31.2016	41.9287	9.9237	44.5567	22.8863	31.3268	30.4183	21.6878	29.2412	
2011	46.70274	45.95234	9.247568	53.92151	26.44451	37.00052	32.80665	25.32937	34.67565	
2012	41.18223	49.16321	6.992147	65.63052	30.95761	40.45316	42.51568	28.77456	38.20364	
2013	44.32583	56.83577	8.461213	69.99378	34.61208	42.90201	48.1122	33.63987	42.36034	
2014	44.074	61.48117	9.322977	78.0462	39.51807	47.27479	55.17628	41.2312	47.0156	
2015	47.69026	66.78563	10.59249	79.32441	36.15943	48.92606	60.48216	46.64791	49.576	
2016	447950.1	560436.2	89232.8	693832.8	335383.4	433113.1	478185.9	351245.8	42.3673	

表 3 - 13　1999～2016 年西部地区各省份环境不公平指数

单位：万元/万吨·平方公里

年份	广西	重庆	四川	贵州	云南	陕西	甘肃	青海	宁夏	新疆	内蒙古	平均值	总平均值
1999	0.028861	0.080579	0.024722	0.064295	0.047767	0.086316	0.024769	0.022654	0.142744	0.011191	0.015594	0.049954	19.29168
2000	3.149747	9.400951	2.138398	9.048561	5.119965	9.966968	2.877286	2.112982	13.0559	1.26214	1.815399	5.449845	
2001	2.78908	10.91717	2.353451	9.615741	5.71124	12.01921	3.640062	2.647028	15.0561	1.276136	2.111915	6.194285	
2002	2.972143	12.88636	2.577498	12.95931	6.091512	12.99733	4.28865	3.718159	15.43946	1.395317	2.228278	7.050365	
2003	2.739973	14.79086	2.934947	15.27251	6.5349	13.74298	4.225602	4.396061	20.02029	1.474516	2.619372	8.068365	
2004	3.116836	17.14778	3.522402	17.99337	6.552972	15.12657	5.408713	5.045645	26.85154	1.53298	3.375972	9.606798	
2005	3.031844	18.60097	4.133455	22.31962	8.014601	14.8906	6.420906	2.829599	12.98226	1.517697	4.278512	9.001824	
2006	3.932976	21.63072	5.364633	27.06669	8.825066	18.23221	7.504406	3.570679	17.81416	1.670414	5.109262	10.97466	
2007	3.461998	33.51545	6.475712	34.61024	9.800113	17.96032	9.109285	4.361749	19.74223	1.744631	7.381181	13.46936	
2008	3.570273	42.41656	7.900462	38.90592	12.00379	21.34333	9.378889	5.684505	24.27119	1.715672	7.849288	15.91272	
2009	5.299215	50.71696	9.626993	37.20334	13.60791	23.42809	10.46222	5.278091	25.1833	1.681134	9.653873	17.46738	
2010	6.238449	90.64792	13.60019	41.04101	16.3282	30.31588	12.91279	5.863005	27.95999	1.774972	8.170256	23.16842	
2011	11.79193	147.3955	18.80932	32.16751	11.74244	40.50563	10.87053	7.515764	36.96046	1.706254	9.610761	29.91601	
2012	12.00182	173.7938	24.3681	34.0275	15.24875	50.44134	12.4188	8.329967	47.57164	1.798005	12.2479	35.65887	
2013	16.03103	150.9182	29.13824	43.25969	17.45188	61.99767	12.69197	9.292519	55.44124	1.638334	11.7864	37.24066	
2014	21.65283	164.1048	29.10075	36.05674	19.12683	65.55427	14.08219	10.33306	62.2892	1.959107	11.33561	39.59958	
2015	26.98941	178.4463	26.51976	44.35857	17.51499	63.58155	13.38266	9.992497	61.62705	2.366646	12.98671	41.61511	
2016	17.6934	162.9317	25.58723	37.974	16.21698	56.41609	12.68923	9.09276	52.77792	1.893669	11.59348	36.80605	

公里上升到 2016 年的 36.806005 万元/万吨·平方公里。由此数据可以看出，东部地区产生同等单位经济效益占用的环境成本要远远低于中部、西部地区产生同等单位经济效益占用的环境成本，虽然东部、中部、西部三大地区产生同等单位经济效益占用的环境成本都在降低，但是东部和中部、西部在产生同等单位经济效益时占用的环境成本的差距仍在增大。1999 年，产生同等单位经济效益东部地区占用的环境成本与西部地区之比是 20.9238，2016 年这一比值上升到 22.8596。总之，东部与中部、西部区域环境不公平指数差异较大且差距在增大。

第三节 中国区际间环境污染治理投资不公平的刻画

区际间环境负担不公平的一个主要原因就是区际间环境治理投资不公平，环境污染治理投资的公平性越高，越有利于减缓地区间环境负担的差距，而且会促进各个地区的协调和发展。目前，中国的环境治理基本是按行政区划来执行的，而不同行政区划的单元发展差距巨大，环境污染治理的投资也有很大差距，因而本节利用泰尔指数对中国不同省份之间的环境治理投资不公平进行分析。

一、中国各省份环境污染治理投资现状

"十五"时期（2001～2005 年），我国环保投资额分别为 1106.6 亿元、1367.2 亿元、1627.7 亿元、1909.8 亿元、2388 亿元，占同期 GDP 的比重分别为 1.01%、1.14%、1.1%、1.19%、1.3%。"十一五"时期（2006～2010 年），我国环保投资额分别为 2566.0 亿元、3387.3 亿元、4490.3 亿元、4525.3 亿元、6654.2 亿元；占同期 GDP 的比重分别为 1.22%、1.36%、1.49%、1.33%、1.66%，相比"十五"时期，"十一五"期间环保投资额占 GDP 比重略有上升，但是上升幅度较小，主要环境污染物化学需氧量和二氧化硫排放居高不下，但是环境治理投资整体严重偏低，有

且仅有微弱的提高。2009 年，我国环境污染治理投资为 4525.2 亿元，比上年增加 0.8%，占当年 GDP 的 1.35%，其中，工业污染源治理投资 442.5 亿元，比上年减少 18.4%；城市环境基础设施建设投资 2512.0 亿元，比上年增加 39.5%，建设项目"三同时"环保投资 1570.7 亿元，比上年减少 26.8%。2009 年，在工业污染源污染治理投资中，废水治理资金为 149.5 亿元，比上年减少 23.2%；废气治理资金为 232.5 亿元，比上年减少 12.5%；工业固体废物治理资金为 21.9 亿元，比上年增加 11.0%；噪声治理资金 1.4 亿元，比上年减少 50.3%。[1] 根据发达国家的经验，一个国家在经济高速增长时期，环保投入要在一定时期内持续稳定达到国民生产总值的 1%~1.5% 才能对污染起到有效的控制作用；达到国民生产总值的 3.0% 才能使环境质量得到明显改善（吴舜泽等，2007）。目前，我国的环境治理还处于控制污染恶化阶段，环境质量改善的程度还远远不够，环境污染治理投资与发达国家相比更是相形见绌。俄罗斯在 2000 年的环保投资就已经占 GDP 的 1.6%。美国 1990 年环保投资 1150 亿美元，占 GNP 的比重为 2.1%；2000 年环保投资达到 1710 亿美元，占 GNP 的比重高达 2.6%。[2]

以上是对中国环境污染治理投资的整体状况进行的分析，然而东部、中部、西部地区经济发展水平存在巨大差异，生态环境恶化状况也有很大差异，分别来看东部、中部、西部地区的环境污染治理投资更能发现问题。

以废水治理投资为例，表 3 - 14 展示了 1999~2016 年东部、中部、西部地区废水治理投资绝对数，可以看出东部地区废水治理投资总额要远远大于中部地区和西部地区的投资。但是，如表 3 - 15 所示，当计算废水治理投资与废水排放量的比值后，即考虑到东部、中部、西部地区的废水排放量之后再来比较废水治理投资，会发现东部地区单位废水排放所投入的治理资金在逐年递减且少于西部地区该比值，2011 年之后，这一现状有所改变。

---

① 笔者根据相关年份《中国环境统计年鉴》测算得出。
② 闫文娟. 政府竞争、财政分权与环境治理投资 [J]. 财贸研究，2012（5）：91 - 97.

表 3 - 14　　　1999～2016 年东部、中部、西部地区废水治理投资绝对数比较

年份	东部地区	中部地区	西部地区	东西部地区比值
1999	436010.0	151484.0	97380.0	4.477408
2000	622358.0	261439.0	217086.0	2.866873
2001	412720.0	209228.0	134765.0	3.062516
2002	436707.2	143563.6	142712.6	3.060047
2003	542594.7	145019.1	165237.6	3.283724
2004	560398.1	262208.8	314254.8	1.783260
2005	728338.1	326129.4	332339.2	2.191550
2006	761659.7	454971.6	487237.5	1.563221
2007	759660.0	454973.0	487236.0	1.559121
2008	946276.0	486883.0	584605.0	1.618659
2009	700580.6	399153.8	391656.0	1.788765
2010	656738.3	280241.8	354615.7	1.851972
2011	796088.0	279903.0	482417.0	1.650207
2012	699590.0	204766.0	473128.0	1.478648
2013	645705.0	238476.0	355620.0	1.815716
2014	677265.0	187205.0	280191.0	2.417155
2015	675006.0	255662.0	253361.0	2.664206
2016	698730.8	233202.4	368943.4	1.8938699

表 3 - 15　　　1999～2016 年东部、中部、西部地区废水治理投资相对数
（废水治理投资与废水排放的比值）比较

年份	东部地区	中部地区	西部地区	东西部地区比值
1999	4.657503	2.044875	3.119054	1.493242
2000	5.499739	3.380861	5.311142	1.035510
2001	3.159981	2.590016	4.002185	0.789564
2002	3.054096	1.521844	3.759368	0.812396
2003	3.254999	1.307244	3.343640	0.973489
2004	2.821261	2.212458	5.767868	0.489134
2005	2.749965	2.307603	4.469161	0.615320
2006	2.791220	2.913483	7.064473	0.395107
2007	2.370906	2.623496	6.382945	0.371444
2008	2.743492	2.636317	6.405873	0.428278

续表

年份	东部地区	中部地区	西部地区	东西部地区比值
2009	1.852924	2.052753	3.220190	0.575408
2010	1.697880	1.112311	2.664962	0.637112
2011	2.536532	2.255597	1.204720	2.105480
2012	2.879484	3.612377	1.239816	2.322510
2013	2.440700	2.996608	1.610302	1.515705
2014	2.018121	5.067480	1.890545	1.067481
2015	3.132217	2.403956	1.970730	1.589370
2016	2.601410	3.267200	1.583234	1.643090

二、基于泰尔指数方法对区际间环境治理投资不公平的刻画

笔者采用泰尔指数来测度东部、中部、西部三大地区环境治理投资的不公平程度，并测算了区域间环境治理投资不公平及区域内环境治理投资不公平对整体环境污染治理投资不公平的贡献率。表 3 - 16、表 3 - 17 是废水治理投资的泰尔指数的计算及相关分解。分解变量是废水治理投资与废水排放量的比值即废水治理投资相对泰尔指数，与直接利用废水治理投资计算相比较，该比值是一个相对数，因此叫作相对泰尔指数。

表 3 - 16　　1999 ~ 2016 年东、中、西部地区废水治理投资泰尔指数
（以工业产值为权重）

年份	东部地区	中部地区	西部地区	区域间	区域内	总和
1999	0.4852642	0.1963510	0.5614327	0.0953479	0.4493003	0.5446482
2000	0.2476071	0.2710004	0.4050134	0.1861435	0.3120880	0.4982315
2001	0.2975729	0.4197183	0.5799888	0.2700807	0.4459130	0.7159937
2002	0.4803470	0.2362564	0.5350161	0.2940525	0.4604381	0.7544906
2003	0.3973754	0.2051349	0.4451076	0.2510513	0.3857757	0.6368270
2004	0.3865272	0.1856048	0.8895308	0.4907409	0.6139684	1.1047093
2005	0.2868827	0.2148609	0.3126824	0.3921435	0.2815404	0.6736839
2006	0.4762450	0.3273356	0.3967473	0.5573422	0.3982874	0.9556296

续表

年份	东部地区	中部地区	西部地区	区域间	区域内	总和
2007	0.4898194	0.3766171	0.4222270	0.5610774	0.4257953	0.9868727
2008	0.4551938	0.4112557	0.4276130	0.4873562	0.4370850	0.9244412
2009	0.5259746	0.5863354	0.5781345	0.3520395	0.5669339	0.9189734
2010	0.6139678	0.3676338	0.4628780	0.3155286	0.4903825	0.8059111
2011	0.4448218	0.3025669	0.6832181	0.3797813	0.5489074	0.9286887
2012	0.2814554	0.1788160	0.5994779	0.5069767	0.4644995	0.9714762
2013	0.3805543	0.3120792	0.5798599	0.3380888	0.4732444	0.8113332
2014	0.3621961	0.2531988	0.8694091	0.2901639	0.6026093	0.8927732
2015	0.2622462	0.4620283	0.8326858	0.2207103	0.5543117	0.7750220
2016	0.2984113	0.4860787	0.4044584	0.3244765	0.3906007	0.7150772

表 3-17 　　　　1999~2016 年中国区域废水治理投资总体差异的分解
（以工业产值为权重）

年份	东部地区贡献率	中部地区贡献率	西部地区贡献率	区域内贡献率	区域间贡献率
1999	0.4225135	0.0750601	0.3273630	0.8249366	0.1750634
2000	0.1925920	0.1295777	0.3042218	0.6263915	0.3736084
2001	0.1346688	0.1556859	0.3324342	0.6227889	0.3772110
2002	0.2332719	0.0571713	0.3198204	0.6102636	0.3897365
2003	0.2569094	0.0532628	0.2956056	0.6057779	0.3942221
2004	0.0913877	0.0344134	0.4299726	0.5557737	0.4442263
2005	0.1229226	0.0772535	0.2177356	0.4179118	0.5820883
2006	0.1089362	0.0781543	0.2296896	0.4167801	0.5832199
2007	0.1034304	0.0879991	0.2400297	0.4314592	0.5685408
2008	0.1146215	0.1067712	0.2514173	0.4728100	0.5271900
2009	0.1488270	0.1837986	0.2842954	0.6169209	0.3830791
2010	0.2362486	0.0926741	0.2795594	0.6084821	0.3915179
2011	0.1366534	0.0567426	0.3976603	0.5910564	0.4089436
2012	0.0733149	0.0238477	0.3809751	0.4781378	0.5218622
2013	0.1411656	0.0669841	0.3751426	0.5832923	0.4167077
2014	0.1470372	0.0381869	0.4897618	0.6749859	0.3250141
2015	0.1155006	0.1345539	0.4651661	0.7152206	0.2847794
2016	0.1219236	0.1426248	0.2816873	0.5462357	0.4537643

由表 3 – 16 可以看出，中国各省份的废水治理泰尔指数整体呈上升趋势，各省份的废水治理投资的差距在日益增大。西部地区废水治理投资泰尔指数较大，西部地区的泰尔指数大于东部、中部地区的泰尔指数，区域内的相对泰尔指数变化相对稳定，而区域间的相对泰尔指数波动幅度相对大，总体来说呈递增的趋势，也就是说，各区域废水治理投资的差距非常大。

由表 3 – 17 可以看出，区域间废水治理投资的泰尔指数对总体废水治理投资泰尔指数的贡献整体上呈上升趋势，其贡献率基本稳定在 40% 左右，呈波动增长趋势。而区域内废水治理泰尔指数对总的泰尔指数的贡献率呈波动下降的变化趋势，这说明各个区域废水治理相对投资的差距非常大。

表 3 – 18、表 3 – 19 是以 GDP 为权重计算的废水治理投资泰尔指数，同前，以 GDP 为权重计算的废水治理投资泰尔指数要小于以工业产值为权重计算的泰尔指数，但两种方法计算出来的泰尔指数变化趋势近似，分析方法同前，这里不再赘述。

表 3 –18   1999 ~ 2016 年东部、中部、西部地区废水治理投资泰尔指数
（以 GDP 为权重）

年份	东部地区	中部地区	西部地区	区域间	区域内	总和
1999	0. 4973634	0. 2110980	0. 5762495	0. 0541779	0. 4628138	0. 5169917
2000	0. 2431928	0. 2953341	0. 4050400	0. 1152800	0. 3161843	0. 4314643
2001	0. 2479362	0. 4343281	0. 5469265	0. 1745819	0. 4201410	0. 5947229
2002	0. 4829023	0. 2539330	0. 5418856	0. 1974821	0. 4677001	0. 6651822
2003	0. 3970987	0. 2098385	0. 4089380	0. 1614411	0. 3711422	0. 5325834
2004	0. 3404709	0. 2090111	0. 8708929	0. 3354250	0. 5967809	0. 9322059
2005	0. 2832406	0. 2521695	0. 3378268	0. 2474789	0. 3013218	0. 5488007
2006	0. 4124898	0. 3396028	0. 4004700	0. 3866921	0. 3892096	0. 7759017
2007	0. 4143628	0. 3751584	0. 4094034	0. 3985089	0. 4025403	0. 8010492
2008	0. 4044518	0. 3960916	0. 3663471	0. 3472005	0. 3818707	0. 7290713
2009	0. 6376780	0. 4523013	0. 4432681	0. 2382902	0. 4964223	0. 7347125
2010	0. 7511703	0. 2728286	0. 2796718	0. 2358935	0. 4244963	0. 6603898
2011	0. 4487516	0. 2467501	0. 4307391	0. 3088620	0. 4038338	0. 7126958
2012	0. 2985448	0. 1690419	0. 3645242	0. 4364196	0. 3225010	0. 7589206

续表

年份	东部地区	中部地区	西部地区	区域间	区域内	总和
2013	0.3225141	0.2254975	0.3717957	0.2775568	0.3314870	0.6090438
2014	0.3612500	0.2162503	0.7221317	0.2457049	[illegible]	0.7660871
2015	0.3815794	0.2467324	0.5503758	0.1624866	0.4242247	0.5867113
2016	0.3230458	0.2865073	0.2838528	0.2522372	0.2958605	0.5480977

表 3-19　1999～2016 年中国区域废水治理投资总体差异的分解（以 GDP 为权重）

年份	东部贡献率	中部贡献率	西部贡献率	区域内贡献率	区域间贡献率
1999	0.4562140	0.0850144	0.3539770	0.8952054	0.1047946
2000	0.2184300	0.1630649	0.3513220	0.7328168	0.2671832
2001	0.1350853	0.1939563	0.3774067	0.7064482	0.2935517
2002	0.2659989	0.0696990	0.3674178	0.7031158	0.2968842
2003	0.3069808	0.0651484	0.3247424	0.6968716	0.3031284
2004	0.0953946	0.0459245	0.4988623	0.6401814	0.3598186
2005	0.1489787	0.1113000	0.2887763	0.5490550	0.4509449
2006	0.1162085	0.0998651	0.2855487	0.5016223	0.4983777
2007	0.1077941	0.1079928	0.2867295	0.5025163	0.4974836
2008	0.1291356	0.1215258	0.2731155	0.5237769	0.4762231
2009	0.2256856	0.1773411	0.2726420	0.6756687	0.3243313
2010	0.3527352	0.0839304	0.2061309	0.6427965	0.3572035
2011	0.1796414	0.0602992	0.3266879	0.5666285	0.4333714
2012	0.0995470	0.0288583	0.2965416	0.4249469	0.5750531
2013	0.1593719	0.0644761	0.3204265	0.5442745	0.4557255
2014	0.1707043	0.0379631	0.4735111	0.6821787	0.3178214
2015	0.2219983	0.0949168	0.4061401	0.7230552	0.2769448
2016	0.1721994	0.1096779	0.2579179	0.5397951	0.4602048

第四节　本章结论

首先，本章分别从各区域工业产值及污染物占比的不匹配状况、各区域单位工业产值废弃物排放的不均衡、污染物排放省际间的不均等状况这三个方面对中国区际间环境负担不公平进行直观描述，发现工业产值东部集聚和环境污染西部转移非常明显，工业废水排放在各省区之间极不均衡。其次，基于泰尔指数对区际间环境负担不公平进行刻画，以废水为例，发现中国各省份之间废水排放负担的不均等程度在下降，区域内的废水排放负担不均等对总的排放不均等的贡献率维持在65%以上，区域间废水排放负担不均等对总的排放不均等的贡献率在逐步下降。再次，对各个省份的环境不公平指数进行了计算，发现东部地区产生同等单位经济效益占用的环境成本要远远低于中部、西部地区产生同等单位经济效益占用的环境成本，且东部和中部、西部在产生同等单位经济效益时占用的环境成本的差距仍在增大。最后，借用泰尔指数对中国各省份环境治理投资的不公平状况进行刻画，发现区域间的废水治理投资的泰尔指数波动幅度较大，其对总体废水相对治理投资泰尔指数的贡献呈上升趋势。

第四章

区际间环境不公平的理论分析及
原因解析

本章主要对区际间环境不公平进行理论分析和原因解析，首先对区际间环境不公平进行理论分析，基于以下思路展开：（1）不同发展水平的国家、地区对环境恶化的影响不同。(2) 不同发展水平的国家（地区）承受环境恶化的影响不同。在国家层面，经济发展水平较低的国家接手经济发展水平较高国家的污染产业转移及直接的垃圾转移，更多地承受环境负担；在地区层面，以中国为例，经济发展水平较低的西部落后地区为东部发达地区的经济发展源源不断地输送资源、能源，却对本地环境造成严重破坏，并且接手东部发达地区的污染产业转移，更多地承担了环境污染负担。(3) 不同发展水平的国家（地区）没有承担相应的环境责任，发达国家对发展中国家在国际贸易中付出的环境代价不予承认，加上国际环境责任分担原则不确定，发达国家借助其在环境问题谈判过程中强有势的话语权尽可能地逃避其本应该承担的环境保护及治理责任。其次，对区际间环境不公平进行原因解析。一方面，基于利益视角分别分析了中央政府、地方政府、企业、公众及环保组织的目标函数，对环境不公平的形成原因作了一个解析；另一方面，采用回归方程的分解方法实证分析了1999～2008年中国省际间环境负担不公平的成因，通过构建环境负担函数分析（以废水排放为例）的实证结果为：地区间环境负担的不公平，主要是由居民人均收入和废水治理投资这两个指标所衡量的发展差距引致。在此基础上，提出政策主张：在缩小地区间环境负担不公平的政策中，要把缩小地区差距作为重要的政策目标。

第一节　区际间环境不公平的理论分析

笔者将区际间环境不公平的基本表现形式概括为以下三个方面：不同发展水平的国家（地区）对环境恶化的影响不同；不同发展水平的国家（地区）承受环境恶化的影响不同；经济发展水平较高的国家（地区）没有承担相应的环境责任。

一、不同发展水平的国家（地区）对环境恶化造成的影响不同

发达国家走的是"先发展后治理"的模式，发达国家在工业化进程中耗费了大量的资源能源，也造成了巨大的污染，在资源、能源有限及生态承载力一定的前提下，留给发展中国家可开发利用的资源、能源非常有限，可排放的污染物的数量也受到一定束缚。在同一国家中，不同区域由于经济发展差距大，发达地区和落后地区对环境恶化造成不同的影响的分析也类似发达国家和发展中国家的分析。本部分简单讨论不同国家（地区）由于发展水平不同导致消费水平不同从而对环境的影响不同。

一些数据充分说明发达国家比发展中国家消耗更多的资源能源，对环境恶化负有主要责任。以温室气体为例，目前大气层中留存的温室气体，大部分为发达国家在工业革命时期排放。地球上每个国家都有平等排放的

权利，但是发展中国家的"生存排放"（如洗衣、做饭、呼吸等）却成为发达国家不愿减少甚至增加其"奢侈排放"的理由。地球容纳温室气体的能力是 定的，发达国家的历史排放使发展中国家不可能像发认国家经济起飞发展过程中那样排放，这本身就是发达国家对发展中国家的利益侵占。再以损耗臭氧层的氯氟烃类物质为例，在全球消耗量中，美国占28.6%；日本占7%；欧洲共同体国家占30.6%；俄罗斯和东欧国家占14%；发展中国家总共占14%，其中中国的消费量不到2%。在二氧化碳等温室气体排放方面，根据1995年的统计，发达国家排放的二氧化碳占全球总量的2/3，发展中国家排放的二氧化碳占全球总排放量的1/3，如果按人均计算，发达国家每人每年排放30吨以上，发展中国家每人每年排放0.5吨（黄之栋等，2010）。世界银行人类发展报告（2011）揭示，自1970年以来，虽然全球碳排放3/4的增加值来自人类发展指数低、中和高的国家，但就包括二氧化碳在内的温室气体的总量来说，人类发展指数极高的国家仍要高出其他国家许多，并且这种判断未考虑经济发展水平高的国家将碳密集型生产转移到经济发展水平低的国家这种情况。

可以借鉴关于人口与环境关系的一些经典理论模型，来分析不同发展水平的国家（地区）对环境恶化带来的影响。学者关于人口与环境关系的既有研究取得了丰硕的研究成果，其中比较有影响力的当属以下三个模型：美国马萨诸塞技术研究院于1972年构建的全球系统模型；国际应用系统分析研究院（IIASA）人口项目的人口—发展—环境（PDE）模型；荷兰国家公共健康和环境研究所（RIVM）提出的人口—环境—资源（PER）模型（蒋未文等，2001）。在以上人口与环境的宏观模型基础上，有学者进一步探索刻画人口与环境的相互关系的模型，其中最有影响力的模型当属（I-PAT）模型，最初的表达方式由埃利希和霍尔德伦（Ehrlich and Holdren）于1972提出。在这个模型中，一个国家或地区的环境质量取决于人口（P）、人均物品和服务的消费水平（A）以及技术（T）综合作用的结果。该模型表明，人口的数量、人们资源消费的规模以及在消费过程中资源的使用效率等共同影响着一个地区的环境质量。I－PAT 模型提供了一个非常有启发的思考模式，指出消费是人类对环境影响的一个很重要的方面。发达国家居民维持着高消费来保证其高生活水平，据联合国统计资料（2001）显示，全世界全部肉类、鱼类产品的 87% 被全世界最富有的 20% 人口所消费，而全世界最为贫穷的 20% 人口仅消费了肉类、鱼类产品的 5%；发达国家的人口约占世界 1/5，但其消费了肉类总量的 46%、纸张总量的 84%、金属及化学品总量的 85%、电力总量的 65%，与此形成鲜明对比的是，每 5 个世界上最贫穷人中就有 1 个人因为没有足够的食物从而无法正常生活和劳动。有人过度消费，比如发达国家高收入群体维持的高消费，他们享用着超过世界平均水平与正常营养水平的充足的食物供应（粮食、蛋、奶、水产品、蔬菜、水果等），享有良好的居住条件；有人却难以维持温饱，比如极度贫困国家的部分居民甚至连基本生存条件都得不到满足，即使在发展中国家也有近 8 亿左右的人口终日处在饥饿和营养不良状态，居住在环境十分简陋、几乎没有任何生活设施的住所。在世界范围内同时出现两种对立的消费模式，这两种不同的消费模式对环境恶化的影响有很大区别（耿莉萍，2004）。在欧美国家人均收入超过 5000 美元时，私人轿车就成为家庭的必需品。不仅在欧美国家，在很多国家，使用私人汽车成为高收入群体消费模式的一个显著特征，但仅从出行的必要性来看，私人汽车并不是那么必不可少。目前，在经合组织国家中汽车使用占汽油消费量的 40% 以上，在美国该比例为 50% 以上，在全球这一比例平均也高达 1/3。其中，美国、日本、加拿大及西欧合计每年生产的汽油不到全球供应量的 1/4，但其消费的汽油远超过世界产量的一半。有这样一组数据，1 个美国人消耗的能源，相当于 3 个日本人、6 个墨西哥人、12 个中国人、33 个印度人、147 个孟加拉国人、422 个埃塞俄比亚人消耗的能源。按照此比例计算，2.6 亿美国人的能源消耗相当于 31 亿中国人或

85 亿印度人的能源消耗，^① 因而这个公式一定程度上反映了不同发展水平的国家（地区）对环境恶化的影响不同。

施里达斯·拉夫尔在此公式的基础上，做了进一步的探索，提出以下方程式：环境影响（impact）＝人口（population）×人均富裕程度（affluence）×由谋求富裕水平的技术所造成的环境影响（technology），即 $I = P \times A \times T$，其中，P 代表人口；A 代表富裕程度，实际上是指消费；T 代表技术特别是对环境不利的技术。重新解释后的方程式含义更加鲜明，富裕程度越高则对环境影响越大，显然富裕的发达国家对环境恶化的影响大于贫穷的发展中国家对环境恶化的影响。

上述公式虽然是为了解决人口对环境的影响这一问题提出的，但公式较好揭示了发达国家（地区）对环境恶化造成的影响大于欠发达国家（地区）对环境造成的影响。

二、不同发展水平的国家（地区）遭受环境恶化的影响不同

（一）国家层面的分析

发达国家经过 200 多年的发展，已率先完成工业化阶段以及后工业化阶段（以高技术工业为主的发达经济阶段），稳步进入第三产业的发展时期，没有完成工业化或者正处于工业化后期的发展中国家产业结构与发达国家有别，发展中国家较低的土地、资源和劳动力等要素的价格及较为宽松的环境标准，发达国家的一些污染严重且附加值低的耗费资源的产业被转移到发展中国家，经济发展水平相对落后的发展中国家，迫于发展经济招商引资的压力制定优惠的政策，以便这种转移得以顺利进行，因而这种

---

① 黎鸣．中国的危机（上册）［M］．北京：改革出版社，1998：411．

实为污染转移的产业转移使发展中国家承受了更多的环境负担。除此之外，还有一种更直接的交易方式就是发达国家直接将垃圾运往发展中国家，由发展中国家承受由环境污染带来的危害。不同区域之间也存在类似的伴随污染转移的产业转移现象。以中国为例，作为发展中国家的中国，工业化仍没有完成，各个省份经济发展差异巨大，产业结构差异较大，西部地区相比东部地区的工业化水平更低，发达的东部地区面临产业结构升级、淘汰落后产业的趋势，西部落后地区迫于经济发展的压力，难逃接手污染产业的宿命。加上西部地区为东部地区经济起飞提供的资源、能源支持，使当地生态环境承受了过多的环境负担。

1. 国家层面的污染产业转移

产业转移是指包括资本、劳动力和技术等生产要素在不同经济发展水平地区之间空间迁移的一种重要的经济现象，一般是经济较发达国家（地区）基于"比较优势"的原则，跨国家（地区）把部分产业的生产转移到欠发达国家（地区），从而在产业的空间分布上呈现出发达国家（地区）向欠发达国家（地区）产业转移的现象。然而，由于经济发展水平差异巨大，不同发展水平的国家（地区）环境标准不同，不管是发达国家和发展中国家之间的产业转移，还是发达地区和落后地区之间的产业转移，都伴随着浓厚的污染转移。发达经济体要么以产业转移为载体向外转移污染，要么直接进行垃圾转移，使落后经济体在经济发展过程中不得不承受更多的环境治理负担。

关于国家之间的污染转移理论最有名的是"污染避难所假说"，科普兰和泰勒（Copeland and Taylor，1994）首次提出"污染避难所假说"，认为在开放经济条件下，自由贸易结果将导致高污染产业不断从发达国家迁移到发展中国家。因为发达国家通常会实施相对严格的环境管理制度和执行较高的环境管制标准，这无疑会推动发达国家污染产业成本的上升，于是环境标准较低国家的厂商将获得明显的成本优势，在这种情况下，发达国家的"肮脏产业"就会向发展中国家转移，其结果便是发展中国家被称为是发达国家的污染避难所。发展中国家的学者大多认为"污染避难所假说"成立或在一定条件下成立（Akbostanci，2007；Xing and Kolstad，

2002）；而来自发达国家的研究大多不认为"污染避难所假说"成立（Cole and Elliott，2005；Copeland and Taylor，2004）。

国内学者杨海生等（2005）研究发现，FDI 与污染物排放之间呈现出显著的正相关关系，FDI 对我国环境造成了一定的负面影响。沙文兵和石涛（2006）分析结果显示，外商直接投资对我国生态环境具有显著的负面效应，分区域研究表明，外商直接投资对我国生态环境的负面效应呈现东高西低的特征。吴玉鸣（2007）利用 30 个省份的面板数据分析得出 FDI 在恶化我国的环境，一定程度上存在"污染避难所假说"，认为各级地方政府在制定环境保护政策时需要考虑外资引进对中国环境恶化的影响。根据 1995 年第三次工业普查资料，外商在中国投资的污染密集型产业的企业有 16998 家，占三资企业总数的 30% 以上，其中，投资于严重污染密集型产业的企业个数占三资企业总数的 13% 左右（夏友富，1999）。以中国为例，1991 年外商在中国投资设立的生产企业共 11515 家，其中，属污染密集型产业的企业高达 3353 家，占生产企业总数的 29%（张兴杰，1998）。

实质上，"污染避难所假说"是发达国家将环境污染所带来的成本及危害通过转移由发展中国家去承受的现象，问题的本质是发达国家对发展中国家的利益侵占。欠发达国家试图通过引进外资来引进发达国家的先进技术及设备的初衷很难达到，发达国家对外投资往往伴随着转移过时的技术及设备的过程。由于发达国家环境监管水平较高，发达国家的一些企业出于生产成本及环境污染治理成本的考虑，便以跨国投资的方式将工厂迁移到环境规制水平相对低的欠发达国家，从而减轻或逃避治污责任。有些发达国家跨国公司通过合资、独资等渠道，向经济发展落后的国家转移其高污染产业。据有关资料统计，美国有 39% 的高污染产业转移到发展中国家，而日本为了避免承担环境成本，将国内 60% 以上的高污染产业转移到东南亚地区和拉丁美洲。多于 2000 家的美国、日本或其他外国公司控制的流水线工厂现在坐落在美国和墨西哥边界，以便从有利的进口定额、低薪和薄弱的污染控制法律中获得利益（曹树清，2003）。

2. 国家层面的垃圾转移

发达经济体除了以合资、独资等名义将污染产业转移到欠发达经济休之外，还有一种更直接的方式就是一些发达经济体将大量生产或消费过程中产生的废弃物直接输往欠发达经济体。事实上，即使是在发达国家，废物（包括危险废物）也只有相当少的一部分可以回收利用。2002 年，美国将国内生产的绝大部分电子垃圾输送到发展中国家，其中将近 90% 的电子垃圾运往中国，美国等发达国家是世界上主要的有毒废物输出国，每年要向境外倾倒千吨以上的危险物（孙昌兴等，2003）。2005 年 3 月，在荷兰鹿特丹港截获了 1000 多吨垃圾，这批未经任何分类处理的垃圾来自英国，这些垃圾原本是生活垃圾，却被贴上"废纸"的标签，正准备转运中国，在废品贸易方面，占世界人口不到 1/5 的主要发达国家约产生世界 4/5 的有害废弃物，其中很大比例的废弃物通过废品贸易转移到发展中国家（付素英等，2006）。由于发展中国家的环境标准较低，且处理废弃物的价格相对发达国家而言较低，基本不到发达国家的 1/10，在 1976 年，美国合法倾倒废弃物的成本每吨只有 10 美元左右，但是到了 20 世纪 90 年代以后，包括美国在内的发达国家处理废弃物的标准和环保法规日益严格，每吨处理费用骤增到 2500 美元以上，而同期在非洲国家处理废弃物的成本只需不到 50 美元，在利益的驱动下，这些废弃物必然被大量运往发展中国家（黄之栋等，2010），这种差价使废品贸易成为发达国家对发展中国家直接污染转移的重要方式。还有一类更为直接的废品贸易，即 1989 年美国《时代》周刊报道了几内亚政府与美国等发达国家的财团签订了一项关于废弃物处理的合同，合同规定在 5 年内，几内亚政府将拿到相对于本国国民生产总值 3 倍的金额也就是 6 亿美元现钞，但代价是需接受来自美国等国家 150 万吨以上的有毒废弃物，由于邻国政府及国际组织的强烈抗议和反对，这项合同最终被迫取消（曹树青，2003）。

高新技术的日新月异使电子产品的更新换代越来越快，同时也带来高速增长的电子垃圾，电子垃圾含有的有毒化学物质如铅、镉、水银等对生态环境的破坏是巨大的，而且一旦处理不当，将对人的健康及生命产生极大的威胁。目前，美国生产和消费的电子产品占世界最高份额，同时也是最大的电子垃圾污染制造国，美国每年产生的电子垃圾约为 70 亿~80 亿吨，淘汰的旧电脑就有 3 亿台，美国常用的处理电子垃圾的方法就是将其运往环境标准相对宽松的经济发展相对落后的亚洲国家，其中80%偷运到印度、中国、巴基斯坦（金宇峰等，2005）。根据绿色和平组织2004年的报道，经济合作与发展组织近年累积出口各种废物至少达2000万吨，其中一半以上出口到东欧国家及其他发展中国家，1997年撒哈拉以南非洲地区就进口了不少数量的废物。据联合国环境署（1990）的统计，全世界每年发生的国际污染物交易至少有2万起，废弃物交易量则在1000万吨以上。根据海关年报的不完全统计，1990~1997年，中国进口了大量的废物，仅1995年的6~8月，被中国海关查处的进口垃圾就有9起，总量达1850吨；1996年5月，北京、青岛、上海、湛江、天津发生了5起重大的垃圾入境案，1997年废物进口达1119万吨，占全国进口总额的2.07%（包晴，2010）。

（二）地区层面的分析

1. 地区层面的污染转移

国内一些研究以中国为例，对中国各省份之间污染转移进行定量分析。例如，姚亮、刘晶茹（2010）利用1997年中国区域间投入产出表，采用生命周期评价（EIO－LCA）方法对中国区域间碳排放转移总量做了初步研究，研究发现，北部沿海区域（河北和山东）和中部区域（山西、河南、湖北、湖南、安徽、江西）碳排放转入量大于转出量，承接了其他区域碳排放较高产业的转移；相反，东北、京津、东部沿海等区域的碳排放转出量大于转入量，说明这些地区对其他地区转移了碳排放较高产业。龚峰景、柏红霞、陈雅敏等（2010）利用《中国环境年鉴》和地区投入产出表中的相关数据提出了省际间工业品贸易的污染转移定量评估方法，并以上海为例，研究得出上海在与其他省份的工业品贸易中将大量污染留在其他地区，其他地区为上海市的发展付出了环境代价。

当发展水平达到一定高度后，发达地区提出产业结构调整，实质上就是淘汰某些高耗能、高污染、高资源消耗的产业。这些高消耗高污染的产业，只要其产品还有需求，其产业就不可能被真正淘汰。毫无疑问，一些企业抓住落后地区政府对承接转移的迫切心态，利用提供的优惠政策，借机将高污染企业转移到西部地区，一些落后地区在经济利益和经济增长目标的驱动下，必然吸纳这些产业。虽然中央政府要求地方政府保护环境，但是保护环境并没有量化在对官员的政绩考核中，中央政府和地方政府的利益博弈中，落后地区为了追求自身利益最大化，稳定税收来源并保证居民就业，不得不牺牲环境利益，以承受环境影响的差距的扩大来换取经济发展差距的缩小。这一产业转移的过程，必然伴随着污染的转移、伴随着环境规制的"软约束"甚至是环境规制的竞次。这样的产业转移，发达地区可以享受相对较好的环境质量，省去了污染治理的成本，而不发达地区却承担了环境成本并承受较差的环境质量，这是一种收益和成本不对等的环境不公平现象。

2. 地区层面的"资源诅咒"现象

在研究区域经济发展时，经常会遇到一种不公平现象，即原本资源丰富的国家或地区经济发展却落后于资源贫瘠的地区，那些资源丰富的落后的地区更多地承受着资源开发过程中的环境影响，而发达地区反而直接享受较低环境影响的资源，这种资源开发成本和收益不对等源于其发展差距。"资源诅咒"（Auty，1993）是指这样一种现象，丰富的自然资源并没有对一国经济增长产生促进作用，反而起到限制作用，自然资源丰裕的经济体经济增长反而更慢于自然资源贫乏的经济体，即资源贫乏国家的长期经济增长状况反而要比资源丰富国家增长快的现象。

国内许多经济学家也在关注着"资源诅咒"假说是否在中国出现。徐康宁和韩剑（2005）通过构建资源丰裕度指数，研究表明"资源诅咒"现象在中国省际层面成立，将传导机制归结为：资源丰裕地区较为单一的资源型产业结构导致人力资本积累不足、资源使用的"寻租活动"及城市环境和社会不稳定。邵帅和齐中英（2008）通过对中国西部地区1991～2006年面板数据的定量分析，发现西部地区对东部地区的资源、能源输送阻碍其经济增长，西部地区的大规模的能源开发与经济增长之间显著负相关，资源禀赋是中国各个地区经济发展差距的潜在因素，西部地区的经济发展落后可以用"资源诅咒"来解释，通过挤出科技创新、人力资本投入以及弱化政治制度来阻碍经济增长。

放眼国内，"富饶的贫困"现象非常普遍。中国的能源资源分布远离消费区，形成西电东送、北油南运、北煤南运的局面，西部地区石油和天然气的探明储量分别占全国的41%、65%，以矿产资源为例，在全国已探明储量的156种矿产中，西部就占138种，而且西部地区的主要矿产资源如油气、煤炭、钾盐、铬铁等的储量在全国举足轻重。然而，资源丰富的西部地区经济增长水平却相对滞后，人均GDP仅相当于全国平均水平的66%，不到东部地区平均水平的40%。东部沿海地区资源匮乏，资源长期供给不足，经济发展远远快于中部和西部，形成了与资源梯度相反的发展梯度。

落后地区的资源、能源大省在东部发达地区经济起飞及发展阶段为其做出了重大的贡献，在这个过程中，西部地区本身生态环境脆弱，对西部地区的开发利用没有一个长远的规划，加上当地政府缺乏有效的监管，使西部地区生态环境遭到严重的破坏，但西部地区开采的资源、能源大多由东部地区消费，结果作为资源开发者的经济落后地区承担了环境恶化的后果。

"资源诅咒"反映的是资源开发的成本和收益不对等，资源开发的成本由资源丰富的不发达地区承担，而开发资源的收益是缺乏资源的发达地区享用，且西部地区的资源能源被东部地区以很低的价钱取用，这种"资源诅咒"很大程度上是由地区发展差距、发展策略等导致的。这是经济不公平的一种表现，资源使用的不公平，既是经济不公平，也必然转化为环境不公平，资源开采、粗加工、资源运输等过程中所造成的环境影响是巨大的，但其承受者是当地的民众。发达地区占用和消耗大部分自然资源，获取自然资源带来的大部分经济利益。发达地区由于经济发展水平高、环境标准高，承担加工主导型产业，而资源富裕地区则主要承担资源开发型产业。经济发达者掌握着经济秩序的话语权，对资源产业生产的初级产品有定价权，制造加工产品高价而回销，使地区间经济发展差距越来越大，在这种价格"剪刀差"的机制下，必然使资源地区陷入依靠不断扩大资源开发规模来实现经济发展的目的，环境影响必然随着经济发展而加剧。

三、发达国家及地区应承担相应的环境责任

不管是历史道路还是现今发展，发达国家（地区）对环境恶化带来的压力都远远大于欠发达国家（地区），发达国家（地区）在经济起飞阶段都或多或少有一个共同点，即开发利用大量的资源、能源，资源、能源匮乏的国家（地区）更多是靠落后国家（地区）源源不断的输送来发展，在资源有限及生态承载力一定的前提下，使落后国家（地区）可开发的资源、能源大幅减少，能排放的污染也受到极大的束缚，然而由于客观的地理位置及主观环境风险规避能力的差异，发达国家（地区）总是更少地遭受环境风险。如今，随着环境恶化问题日益严重，发达国家（地区）没有尽自己的能力承担相应的环境保护责任，反而想尽办法推脱应该承担的责任，使环境保护和治理责任的区际间分担矛盾越来越突出。

本部分从理论上分析了区际间环境责任分担：第一，发达国家由于领先的技术水平等，在国际分工中承担高附加值的产业，而发展中国家多从事高耗能的初级原料加工产业，将初级产品或原料出口到发达国家，发达国家通过加工再将产品转卖给发展中国家，这样环境成本就成功地由发达国家转给发展中国家。第二，国际环境责任的认定没有统一准则，导致国际贸易中的"碳泄漏"。第三，发达国家利用自己手中的经济、政治权力主导着环境问题谈判的话语权，以期逃避本应承担的环境保护责任。

（一）"环境成本转移说"与"生态倾销论"

发达国家逃避环境保护及治理责任的其中一种表现为：发达国家对发展中国家在国际贸易中付出的环境代价不予以承认，且认为发展中国家收获了更多的利益。

在南北贸易中，发展中国家往往进行专业化的生产，发展中国家出口的商品中，主要以初级产品为原料的纺织品占50%以上，而发达国家不到20%（傅京燕，2006），发展中国家在国际贸易格局中，主要承担出口资源密集型产品，而发达国家利用不平等的国际政治经济秩序倾向于进口发展

中国家生产的高污染资源密集型产品，这样发达国家通过"合理"的买卖将污染留在发展中国家，达到改善发达国家环境质量的效果（彭海珍，2003）。

发达国家和发展中国家之间不对称的生产结构和贸易结构引发了"环境成本转移"现象，"环境成本转移说"的本质是环境责任的转嫁。穆拉迪恩和马丁内斯艾利尔（Muradian and Martinez-Alier，2001）认为，发达国家通过进口来不断满足本国对廉价初级产品（即一般所说的环境密集型产品）的消费，把污染留在国外，实现了环境成本的转移，廉价的初级产品在国际间的流动，实际上是环境成本由初级产品的进口国向出口国的流动。

尽管如此，发达国家却认为发展中国家出口资源密集型产品对发达国家不利，提出"生态倾销论"（eco-dumping）和"竞相降低标准假说"（race-to-the-bottom hypothesis）。"生态倾销论"是指发展中国家利用较低的环境标准，使产品价格中不包含或者包含较低的环境保护成本，从而获得成本优势，加强了其市场竞争力，而发达国家的环境规制水平较高，因而产品价格包含了较高的环境保护成本，因此处于不利的竞争地位，发展中国家这种由低成本的环境标准构成的产品价格低于发达国家的产品价格，构成了倾销，即"生态倾销"。"竞相降低标准假说"是发达国家采用较高的环境标准，一些跨国企业出于降低生产成本和环境成本的考虑，纷纷选择低环境规制水平的国家级地区进行生产，而发展中国家环境标准较低，随着国际贸易的迅速发展，大量资金、劳动力等生产要素流向发展中国家，发达国家资金等要素的流失使其国际竞争力一定程度上被削弱，失业率增加，为了挽回这种局势，发达国家也选择降低本国的环境标准，因此全球的环境标准都因此而降低，酿成污染严重的局面。

发达国家与发展中国家的国际贸易中，发达国家利用不平等的国际分工格局——发达国家垄断高科技产品的生产，掌握着世界经济的发展方向；发展中国家则作为它们的原料、低级工业品供应地和产品销售市场。发展中国家在这个不平等的贸易格局中处于从属地位，付出了极大的环境代价，发达国家得到了经济发展和环境质量却不承认发展中国家在这个过程付出的代价，这无疑是一种环境责任转嫁，以期逃避应该承担的环境责任。

（二）环境责任分担标准不确定

当前全球环境责任没有一个统一的认定标准，在环境责任认定问题上，究竟应当由生产者负责，还是由消费者负责，还是应该提出第三种方案，学术界存在很多争论。这个标准的建立应当综合考虑历史责任、生产责任、消费责任以及根据各国发展动态调整责任等因素。由于当前全球减排责任分担机制缺乏一个统一的责任分担标准，因而各国都坚持有利于本国的认定标准，从而获得有利于本国的利益分配。

关于环境责任问题，以全球气候变化为例，欠发达国家关注的是历史排放公平（Hyder，1992；Ghosh，1993），强调过去的历史累积排放在解决现在的问题时起着重要的作用，不能忽视历史排放不平等从而制约发展中国家的发展前景，应该做到纠正或补偿的正义。发展中国家认为，全球气候变暖的主要原因在于发达国家在历史上过度排放温室气体，因此发达国家应该承担减排的首要责任。同时，发展中国家也担心限制他们的排放以及和发达国家一样承担减排责任会阻碍其将来的经济与社会发展，并且对于发达国家承诺给予的资金支持和技术转让表示怀疑。在德班会议上，发展中国家认为当务之急是发达国家应率先大幅度减排，并做出《京都议定书》第二期减排承诺。现行的《京都议定书》只限制工业化国家2008～2012年的二氧化碳排放量，以发展中国家为代表的新兴经济体希望继续限制工业化国家的二氧化碳排放量，一方面，占全球人口20%的发达国家排放了全球80%左右的温室气体，发达国家和发展中国家的人均排放量差距极其显著；另一方面，发展中国家正处于工业化和城市化发展阶段，排放量应有合理的增加，承担过多的减排责任无法完成艰巨的经济发展任务。

发达国家并非不承认其对气候变暖应负主要的历史责任，但是他们认为过去的已经过去，为了防止进一步的气候变暖，不同经济发展水平的国家都应该承担温室气体减排的责任。发达国家认为全球碳减排过程中的效率问题比较重要，应保证全球碳减排的成本最小化和整体福利最大化

（Ringius，2002；Ikeme，2003）。2011 年 6 月 9 日，加拿大正式确认将拒绝执行 2012 年以后的新《京都议定书》，随后日本和俄罗斯也做出拒绝接受新《京都议定书》的决定。美国则是彻底拒绝接受《京都议定书》，一方面，认为实现《京都议定书》的碳减排目标付出的成本太大，会至少造成 4000 亿美元的经济损失，进而减少 490 万个岗位；另一方面，认为气候变暖的事实尚未弄清，未来气候变暖尚存在不确定性，而且即便气候变暖事实确凿，发展中国家如中国、印度和巴西等并没有有效地参与减排。毫无疑问，美国拿出这样的理由支持其所做的决定，其根本原因还是为了维护本国的经济利益，保障本国企业的国际竞争力。

小岛国经济规模小，对气候变暖的贡献最小，但是一旦气候变暖，海平面上升，小岛国会最先受到影响。小岛国在德班会议上不接受温和的减排协议，反复强调如果不加快减排行动，气候变暖会使海平面上升给小岛国带来毁灭性的灾难。图瓦卢、基里巴斯、所罗门群岛等国家领土多由零散的珊瑚岛屿组成，海平面上升已经影响到他们的正常生活。以图瓦卢为例，由于气候暖化、海平面上升，海水已入侵本国领土，不仅对百姓的饮用水源造成影响，而且道路、公共设施等也都受到被海水淹没的威胁。在 2011 年 12 月德班气候谈判大会上，小岛国联盟和最不发达的经济体分别提交了决议草案，其核心主张是在 2012 年的卡塔尔气候峰会上，除了《京都议定书》之外，还应达成一个具有法律效力的全球碳减排协议，这个提议暗示着不仅包括美国在内的未接受《京都议定书》提议的发达国家要做出减排承诺，而且包括中国在内的一些新兴经济体也要承担碳减排绝对量化指标。这一立场显然与中国、印度及巴西等发展中国家为代表的主要新兴经济体发生冲突。

以应对气候变化领域为例，无论是《联合国气候变化框架公约》还是《京都议定书》，其认定各国对气候变化的贡献都是指各国温室气体直接排放量。它以一国边界为限，指的是一国领土之内某段时间产生的环境污染。当依据这一认定方法要求区域或国家为自身排放负责时，区域和国家有动力将二氧化碳等温室气体通过上下游的经济联系转移到境外排放。如果该区域或国家为了减少本领土内的排放而向国外转移生产却不负担相应的责任，实际没有达到要求其减排的目的，也没有实现公平的减排责任分担。

但是，随着国际贸易的发展，以下两种生产方式最为典型：（1）甲国提供物质资本，乙国提供劳动力，丙国提供能源，生产设在丁国，那么直接排放也是在丁国，最终产品为各国消费；（2）甲国生产技术密集型产品（如机械、电子设备），乙国购进这些中间品或投资品，再投入大量劳动力和能源，生产最终消费品，并为各国所消费（樊纲，2010）。不管哪种方式，发达国家是主要的消费主体，且主要发展附加值高的产业，而发展中国家主要是提供廉价能源，提供廉价劳动力且发展资源密集型产业的主体，尽管这样，发达国家却意识不到这一点，或者不承认这一点，不愿负担工业化时代大量消耗资源的历史责任和作为现在主要消费主体的最终责任。水和阿里斯（Shui and Harriss，2006）估计了中美两国的贸易内涵排放，得出1997~2003年由中国出口到美国的商品产生的碳排放约占中国总碳排放的7%~14%。彼得斯和荷威奇（Peters and Hertwich，2008）进行了系统研究，利用GTAP数据计算了87个国家和地区在2001年的贸易内涵排放，发现中国进口碳排放占7%，出口碳排放则占其国内实际碳排放的24%。韦伯等（Weber et al.，2008）通过研究表明，中国净出口产品的碳排放量在逐年增加，1978年进出口产品的碳排放量占国内碳排放量的12%，这一比重在2005年已增加到30%。国际贸易引发的"碳泄漏"，对于全球温室气体的减排没有任何帮助，因为发达国家虽然可以通过进口减少国内报告的碳排放总量，但发展中国家对发达国家的出口却引起全球碳排放的增加。英国新经济基金会的报告（Smith et al.，2007）指出，发达国家与发展中国家间不平衡的贸易格局，使发达国家不断进口发展中国家的初级产品来维持自己的高消费水平，发展中国家将承受不断增加的碳排放和发达国家的指责，国际环境责任的认定不应该只考虑产品的生产主体，还应该考虑产品的消费主体，否则将会纵容环境责任转嫁，造成国家环境责任分担不公。樊纲（2010）采用最终消费衡量世界各国碳排放责任，计算了1950~2005年世界各个经济体累积消费排放量，得出中国国内约有14%~33%的实际碳排放是由他国（主要是发达国家）消费所致，法国、英国和意大利等大部分发达国家的实际碳排放很少由他国消费所致，最后提出"共同有区别的碳消费权"，认为在考虑国际减排责任分担时人均消费排放应作为重要指标。国内学者张晓平、王兆红、孙磊（2010）及张为付、杜运苏（2011）等也做了相关研究。很多数据表明发达国家才是主要资源能源的最终消费者。以木材消费为例，发展中国家虽然每年采伐1370 万公顷森林，而且其中包括极为珍贵的 1290 万公顷热带林，但实际上发达国家才是真正热带林的消费主体，其对木材工业制品的消费占全世界的 70% 以上（包晴，2010）。又如，被誉为"绿色王国"的日本，森林覆盖率高达 70%，但自 20 世纪 60 年代以来，日本所需的木材全部从国外进口，其中从马来西亚进口的木材占其木材总进口量的 53%，日本是全球热带木材购买大国之一，近 10 年来，日本的木材消耗量居世界第 6 位（包晴，2010）。

当前的碳排放责任认定方法存在很大的漏洞，更多强调生产者责任而忽视消费者责任，各国关于碳减排的努力各自为政，只关注如何减少各自境内排放，发达国家会利用现有的国际贸易秩序尽量减少本国的境内碳排放，因而会发生碳泄漏。碳泄漏一旦发生，在环境责任认定原则尚不明确的前提下，便会出现发展中国家指责发达国家是真正的资源能源消耗者，而发达国家以"生产者责任"为由不予负责的局面，而发展中国家在国际谈判中极度缺乏话语权，必将处于被动挨打的局面。

如果同时考虑生产者责任和消费者责任，发达国家通过进口资源密集型产品代替国内生产的方法不再被现有机制所鼓励，由于高排放的国家也要承担部分生产者责任，那么不仅生产者有动力采用清洁技术、节约能源消耗来减少二氧化碳的排放，消费者也有动力减少高污染、高耗能产品的消费，这样不仅实现了抑制双方二氧化碳排放的目的，而且有助于环境责任的公平分担。

在国家层面的环境责任分担过程中，发达国家没有承担相应比例的环境保护及治理责任。放眼中国，中国各省份之间经济发展差异巨大，发达地区无论是历史还是现今发展都比落后地区消耗更多的资源能源，而且发达地区的发展很大程度上是建立在对落后地区资源的利用基础上，但经济发展落后地区的环境恶化问题日益突出，发达地区并没有落实"谁受益谁补偿"的原则（戴星翼，2008；潘岳，2005）。中国西部是资源和能源比较富集的地区，东部地区发展所需资源能源的成本享受国家对棉花、原煤、原油等产品实行统一定价、统一调拨的政策，而东部地区的利润却以此原料为基础而抬高。这种历史上形成的"剪刀差"，抽走了西部地区的资源，使西部地区陷入发展落后和环境恶化的双重困境。西部地区为全国的经济发展尤其是东部地区的经济发展和居民生活提供资源能源保障，东部发达地区才是这些资源能源的真正消费者，如果以"生产者责任"为依据，则成为发达地区逃避环境保护及治理责任的一个借口，在考虑"生产者责任"的同时重视"消费者责任"，才能真正匡正地区间环境治理责任的分担。

西部生态环境一旦受到严重破坏，会通过两种方式作用于东部生态环境，对其构成威胁。其一，西部的新疆、宁夏、内蒙古、青海、甘肃等地属于温带大陆性气候，常年盛行西北风，沙尘以及被污染的空气吹向东南方向，严重威胁东部、中部的生态环境。1998年4月5日，内蒙古中西部、宁夏的西南部、甘肃的河西走廊一带遭受了强沙尘暴的袭击，影响范围波及北京、济南、南京、杭州等地。2000年3月22～23日，内蒙古出现沙尘暴天气，这次沙尘暴从内蒙古西部地区一直吹到北京，3月27日，沙尘暴又一次袭击京城，局部风力达到8级。① 其二，根据我国地形特点，大江大河均源于西部，主要河流呈东西走向，江河的源头一旦因生态恶化而缺水，则中下游就会断流，且如果源头的水被污染，江河顺势而下，将会威胁到中下游人民的生产生活。因而西部江河的污染不仅影响河流本身，而且将影响整个流域，而位于上游的西部地区对环境的治理投资远远不如东部、中部对环境的治理投资，然而东部、中部花费再大力气治理都是治标不治本，中下游环境污染治理得再好，如果上游的治理投入不能相应跟上，一切都是徒劳。

---

① 中国天气网。

（三）话语权及利益倾向

发达国家逃避环境保护及治理责任的另一种方式就是利用其在环境问题谈判过程中强大的话语权，主导环境问题的走向，保护自己的既得利益，逃避或者拖延自己在环境问题中的责任。发达国家不仅主导着全世界的经济发展走向，而且借其强势的经济影响着解决环境问题的谈判，发达国家占据着环境问题谈判的话语权，并影响着谈判的走势，而发展中国家由于处于经济的弱势地位导致在环境问题的谈判过程中话语权的极大缺失，最终导致利益的缺失。

环境问题其实是经济问题在环境领域的延伸，往往较为复杂且充满政治色彩，迄今为止，绝大部分关于环境问题的科学研究都是由发达国家进行的。一般来说，当环境问题发生后，政府总是会先制定相应的充满政治色彩的政策来指导本国环境问题的研究，由于科学研究的成果往往影响各国的经济决策，因而发达国家为了实现并巩固自己在环境问题上的发言权，总会投入大量的人力、物力致力于环境问题的研究。另外，环境问题研究人员的组成具有浓厚的政治色彩，以政府间气候变化工作组（IPCC）为例，政府间气候变化工作组主要由各国政府代表组成，这些代表大多来自国家实验室、各科学研究中心、气象局及各国的官员，这一点不同于以科学家为主要代表的其他研究团体（黄之栋、黄瑞琪，2010）。由于温室气体的历史数据不够完整，现有的研究多在发达国家进行，一般设定多个研究假设，因而发达国家在环境责任的认定方面有先天的优势，美国的世界能源研究所编制了一份报告，指出中国、印度及巴西3个发展中国家应该位于6个主要排放国之列，美国虽然消费了全球20%的化石能源，但温室气体排放仅占全球排放总量的17.6%，之所以这样，主要是该报告将森林砍伐算在内（徐犇，2005）。再以温室气体减排方案为例，这些温室气体排放权分配方案基本上都有一点相似之处，发展中国家的权益被有意无意地忽视（国务院发展研究中心课题组，2009）。

环境治理方案决策程序存在明显不公正。例如，尽管政府间气候变化工作组对全球气候变化问题的评估过程也有发展中国家参与，但评估的进程和内容受发展中国家的影响极为有限。政府间气候变化工作组的大部分发展中国家撰稿人认为，政府间气候变化工作组的评估报告如章节的标题、框架等最初的议程，基本由以美国为代表的发达国家决定（Kandlikar and Sagar，1999）。2007 年，在印度尼西亚召开的巴厘岛联合国气候变化大会上，77 国集团和中国代表对提出的草案中一个重要条款不能接受，这项条款对发达国家向发展中国家转移资金和技术只提出了模糊要求，却要求发展中国家采取"在国家层面可计算、可报告和可检测的减排措施"，显然该条款违反了《联合国气候变化框架公约》的有关原则，但会上却强行要求批准这项未达成共识的文件草案，这种以牺牲发展中国家的利益强行批准草案的行为，让发展中国家很难接受，草案未达成一致的同时，不禁要质疑会议程序的公正性。

从以上三个方面对区际间环境不公平进行理论分析，总而言之，发达国家（地区）对环境恶化造成严重影响，却承受较少的环境负担、承担较少的环境责任，下面将具体分析造成这种区际间环境不公平的原因。

▎第二节　区际间环境不公平原因的理论解析

前面分析表明，中国区域间环境负担差距较大，不管是废水、二氧化硫还是固体废物的排放在各个区域之间的差距都极其显著，而且区域间环境负担不均等对总体环境负担不均等的贡献率逐渐增加；西部某些地区环境污染排放的贡献率大于 GDP 的贡献率，东部地区产生同等单位经济效益占用的环境成本低，西部地区产生同等单位经济效益占用的环境成本高。本节基于利益视角重点分析以上中国地区层面环境不公平的形成原因，认为造成这一现象的主要原因是地区间发展差距。

环境不公平是不同利益主体博弈的结果，其实质是由于经济利益不公平（社会各群体间经济利益的争夺导致的利益矛盾）而转化为环境问题以及环境利益的不公平，主要涉及以下几个利益主体：地方政府、企业、居民、中央政府、环保部门，通过分析这几个利益主体的博弈目标，环境不公平的原因自然浮出水面。

一、中央政府

中国目前是经济分权的财政分权体制，中央政府以 GDP 为标尺衡量地方政府的表现，从而给予地方政府经济上和政治上的激励，地方政府势必会选取以经济发展换环境污染这样的"趋劣竞争"，以经济增长和税收收入最大化为发展目标，但是落后地区发展本地经济及增加本地税收收入更加迫切，因为只有经济发展税收来源有保证，才能保证本地区人民安居乐业，才能维系本地区发展。所以，在区域内，政府对企业的污染管制相对宽松，一般采取以环境换政绩的策略，加上落后地区的生态环境与发达地区相比退化更为严重，在生态承载力一定的前提下，经济活动边际增加对环境恶化的边际影响更为严重。在发达地区，由于硬件软件的优势，很多高新技术企业争抢入驻该地区，发达地区的税收来源自然得到保证，同时中央政府对财政收入高的地区转移支付的力度大，再加上当地居民对地方政府行为的匡正作用，使当地政府主观上和客观上都比较重视环保工作，自然对企业的污染监管比较严格，而企业要寻求处理污染成本最小的地区，自然会发生城乡间、发达与欠发达地区之间的污染转移。地方政府之间会展开包括环境管制、税收等各方面的竞争，只是发达地区政府之间的竞争更可能产生"加利福尼亚效应"，[①] 欠发达地区政府之间的竞争更可能产生"特拉华效应"，从而污染从发达地区向落后地区转移成为一种趋势。

---

① "加利福尼亚效应"是指强大的、健康的、绿色的规制制度在促进贸易伙伴的规制制度上升到最高水平中所起的作用。"特拉华效应"是指不同政治辖区间经济竞争导致规制制度降到最低水平这样一种现象。

二、地方政府

2011 年 3 月 29 日，国家发展和改革委员会公布了 2011 年资源节约和环境保护的主要目标，表明了政府在环境保护方面的努力和意愿。但是只要中央政府以 GDP 为考核目标，对地方政府的激励方式不改变，地方政府就会展开"GDP 竞赛"从而扭曲政府支出结构，政府支出偏向基础设施和其他基本建设，而轻视科教文卫、环境保护和社会保障等方面的支出。中央政府对地方政府的激励有两个方面：一是经济激励。中央政府依据各地区的 GDP 和财政收入的增量进行奖惩，财政收入增长速度越快、增量越大，地方政府通过增量分成获得的财力就越多，这构成了地方政府追逐GDP 增长的主要经济激励。二是政治激励。中央政府对地方政府官员有绝对的任免权，在决定地方政府官员的升迁时，中央政府会考察该地区的经济增长绩效，会和往届任期官员的绩效以及邻近省份的经济增长绩效相比。① 中国式分权背景下，地方政府只需要向上级政府负责，而不需要向民众负责，民众的舆论监管严重缺位，在这种唯 GDP 的考核机制下，地方政府自然会选择唯 GDP 的发展方式。在中国以 GDP 增长为考核干部升迁依据的体制下，欠发达地区为了实现预定的经济增长速度，实现招商引资的规定数额，保证相应的就业目标，加上地方官员为了升迁，维持本年度的税收，因而对发达地区不符合环境保护标准的产业争相伸出橄榄枝，对东部、中部淘汰的污染不达标的企业给予超国民待遇，而环境污染的极强的负外部性只能由西部地区的人民来承担。

三、居民

居民是环境不公平的最终受害者，居民追求自身效用最大化，可以笼统地将其效用分为两个维度：经济收入和身体健康。不发达地区的居民更

---

① 闫文娟，钟茂初. 中国式分权会增加环境污染吗？[J]. 财经论丛，2012（3）：32－37.

关注自己的就业、收入，他们更少关注或者没有能力关注现在的生存环境是否对未来自己身体健康造成潜在的影响，他们更关注现在的生存状况，而那些污染企业可以给当地居民提供就业，增加其收入，因此居民一般没有意识抵制或者有意识也不会抵制这些企业，除非这些企业现在的污染状况已经威胁到其生命安全。在这样低收入背景下，当居民在没有满足物质需求和人文需求时，没有能力关注生态需求。① 而发达地区的居民拥有较高生活质量，会更加关注周围的环境有没有对自己的健康造成危害或者潜在的风险，他们的环境风险意识很强，对进入的企业对当地的危害会努力考察清楚，然后行使自己的权利。这样由于收入水平高的居民效用函数里赋予环境的权重更高，因此环境污染的后果势必由效用函数里环境权重低的居民承担。

四、企业

企业的本质是追求利润最大化、成本最小化。经济落后的不发达地区往往资源丰富，劳动力廉价且排污成本低廉，一方面，当地政府为了发展经济招商引资，将低环境标准的污染监管政策作为企业入驻的筹码；另一方面，当地民众风险意识淡薄，即使发生污染，企业只需支付少量赔偿。因此，企业在其他条件一定的前提下，一定会选择将污染严重的工厂建立在这些低环境标准地区。企业追求利润最大化毋庸置疑，但是在追求的过程应该兼顾包括环境保护在内的社会责任，这样才是一条可持续的发展道路，这个过程同

---

① 国内学者钟茂初（2004）提出了生态需求的概念，认为人类生存发展和社会经济活动中所需要满足需求的方面可以划分为三个根本领域，（1）物质需求：出于人类个体生存和发展的目的性而产生的需求。反映的是人类个体、群体或整体对物质产品数量与质量的占有与使用。如出于生存目的衣、食、住、行以及处于规避风险和保障预期的物质储存等。（2）人文需求：出于人类个体精神满足以及人与人之间的社会关系的目的性而产生的需求。既包括个人对非物质产品（如文化、教育、艺术等）的精神需求，也包括个人作为社会成员的社会需求（如个人社会地位、个人社会价值、团体利益、民族自尊和利益等）。（3）生态需求：出于对人类整体的生存与发展的目的性而产生的需求。反映的是人类与自然关系、人类作为自然成员一员中所必需的"自然需求"（如对人类整体利益、后代利益、地球生态利益的关注）。只有当物质需求、人文需求满足后，生态需求才会凸显。

时也折射出民众对企业的非正式规制严重缺失，以及政府监管的软约束。

五、环保部门

在中国，环保部门隶属于地方政府，环保部门的设置及人员工资发放都由地方政府执行。在这样的背景下，环保部门很难行使正常的监督权，从而污染严重的地方得不到严格的监管，使污染越来越严重，不发达地区过多地承担了污染成本。各个主体之间的利益关系见图 4-1。

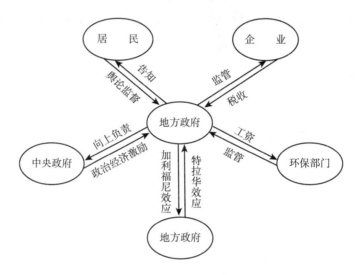

图 4-1　各个主体的利益关系

▎第三节　基于回归方程的分解方法解释中国省际间
　　　　环境负担不平等①

前面从理论上分析了发展差距引致区际间环境不公平问题，但现有的关于发展差距与环境不公平的实证研究比较少见，关于环境不公平原因的分析

　　① 本小节内容已发表，见钟茂初，闫文娟. 发展差距引致地区间环境负担不公平的实证分析 ［J］. 经济科学，2012（1）：51 - 61.

散见于一些理论分析，本节拟以中国各省份的面板数据为例，来验证发展差距对环境不公平的影响。本节介绍的方法和思路也可以用于分析其他国家之间、地区之间的环境负担不平等，其得出的结论也具有一般性的意义。

一、发展差距对区际间环境负担差距的影响机制

发展差距对环境负担差距的影响可以从对环境质量供给的影响和对环境质量需求的影响两个方面来分析。关于中国发展差距的研究文献非常丰富。张秀生（2008）认为，中国的区域经济发展总体特征有以下几个：一是经济总量差距明显，从 GDP 总量来看，东部地区占全国的比重在增加，西部地区占全国的比重在减少，而且这种趋势在加剧；二是东部地区产业结构领先，第一产业占全国 GDP 比重低于全国平均水平，第二、第三产业比重高于全国平均水平，而中部、西部地区则相反；三是地区间居民收入差距悬殊，20 世纪 80 年代末期，我国地区收入差距总体而言是快速上升的；四是地区财政收入比重不平衡，1998 年东部地区财政收入占全国 60%，2005 年东部地区财政收入占全国 64.7%。

常见的分析是用人均 GDP 等发展指标来衡量地区发展差距，用人均收入或人均消费来衡量地区收入差距，其实后者往往是前者的表现，二者的变动一般具有正相关性。本书从居民人均收入和工业废水治理投资这两个指标来衡量地区发展差距，因为这两个指标同时可以代表居民非正式环境规制和政府正式环境规制，从而分析它们对环境污染的影响。

首先，分析发展差距对环境质量供给方面的影响。帕纳约托（Panayotou，1997）、文森特和帕纳约托（Vincent and Panayotou，1999）提出的环境污染分解模型指出，较高的收入使增加私人部门和公共部门用于污染削减的资源成为可能，并且促使更为严格的环境规制，以使环境污染的外部成本内部化（李国柱，2007）。发展水平高的地区往往能投入更多的资金去治理环境，高发展水平地区的生产技术和环保技术都有可能更加先进，环境污染治理投资是环境规制水平的一个重要体现，表 4-1 列举了 2008～2011 年中国东部、中部、西部地区环境污染治理投资总额和工业污染源治

理投资情况。2008 年，东部地区的环境污染治理投资总额为 2191 亿元，西部地区该数值为 666.9 亿元，东部地区的投资总额是西部的 3.28 倍；2011 年东部地区的环境污染治理投资总额为 3144.2 亿元，西部地区该数值为 1598.2 亿元，东部地区的投资总额是西部地区的 1.96 倍，东部地区和西部地区的换进治理投资额差距在缩小，但仍不乐观，区域的环境规制水平同经济发展水平相似，存在"东、中、西"逐渐递减的趋势。

表 4 - 1　　2008～2011 年东部、中部、西部环境污染治理投资情况数据统计

单位：亿元

年份	地区	环境污染治理投资总额	工业污染源治理投资	年份	地区	环境污染治理投资总额	工业污染源治理投资
2008	东部	2191	250.8	2010	东部	3699.4	161.7
	中部	610.5	124.7		中部	929	94.3
	西部	666.9	128.1		西部	1177.8	114.9
2009	东部	2095.5	175.5	2011	东部	3144.2	192
	中部	785.8	110.4		中部	1307.7	84.2
	西部	887	119.2		西部	1598.2	139.9

资料来源：中国统计年鉴环境专题数据库。

其次，分析经济发展差距对环境质量需求方面的影响。居民是环境不公平的最终承受者，落后地区的居民更关注自己生存需求、就业机会和收入高低，不太关注或者没有能力关注环境质量对健康的潜在有害影响，对环境风险可能给自身带来的危险也不会赋予很高的负值，对环境损害的索偿额较低，且落后地区的群众话语权较为缺失，从而在决策中影响力量小。落后地区的居民之所以接受污染企业的转进，一个重要原因是转入的污染企业能够为当地居民提供就业机会增加其经济收入，而发达地区的居民拥有较高的经济收入，更加关注居住环境质量和转入企业潜在带来的环境风险，一旦环境风险发生，索偿额也相对较高，发达地区的居民拥有较多话语权，进而在决策中影响力量较大。正因为发达地区与不发达地区居民的环境需求差异（实质是发展差距导致的），致使污染转移成为可能。

二、不平等的衡量方法

本部分采用基于回归方程的分解方法验证中国区域间环境不公平的主要原因是发展差距。关于不平等的衡量方法，分为绝对指标和相对指标，基本而言，绝对指标不宜采用，而在相对指标之间选择比较困难，不同指标常常给出不同的结论，据此笔者认为最好是几个指标同时比较使用。国内外运用最多的相对指标是基尼系数，基尼系数有很多不同的算法，这里借鉴万广华（2008）的思路选取矩阵法计算，将基尼系数定义为 $Gini = P'QI$，其中，P 表示人口比例向量，P' 为 P 的转置，I 表示收入比例向量，这两个向量都按人均收入升序排列；Q 是一个方阵，它的对角线元素为 0，对角线以上元素为 1，对角线以下元素为 −1。

除基尼系数外，广义熵（generalized entropy，GE）指数也是另外一个常用的相对指标：

$$GE = \frac{1}{\alpha(1-\alpha)} \sum_j f_j \left[1 - \left(\frac{Z_j}{\mu}\right)^\alpha \right] \tag{4.1}$$

其中，Z_j 代表收入观察值，μ 代表平均收入，f_j 代表人口比例，α 为一常数，代表厌恶不平等的程度，α 值越小，它代表的厌恶程度越高。

当 $a = 0$，式（4.1）则叫作第二泰尔指数 T_0，也称泰尔 − L 指数，表达式为：

$$T_0 = \sum_j f_j \ln \frac{u}{z_j} \tag{4.2}$$

当 $a = 1$，式（4.1）则叫作泰尔指数，又称泰尔 − T 指数，表达式为：

$$T_1 = \sum_j f_j \frac{z_j}{\mu} \tag{4.3}$$

除了上面介绍的基尼系数、Theil − L 和 Theil − T 等指标外，还有一个是著名的 Atkinson 指标，可以定义为：

$$Atkinson - 1 - \prod_j \left(\frac{z_j}{\mu}\right) f_j \tag{4.4}$$

Atkinson 指数和 GE 指数存在一一对应的单调转换关系（Shorrocks and

Slottje，2002）。

三、实证模型——环境负担函数的构建

（一）方法简介

采用万广华（2002）提出的基于回归方程的分解方法，该方法的具体介绍和应用见万广华（2004、2006）。

由于之前的分解方法没有分解出常数项和残差项的贡献，万广华在夏普洛斯（Shorrocks，1999）的基础上提出了新的方法。下面对该方法进行一个简单的说明。

假定 $Y = F(X, U)$ 为一个回归模型，其中，Y 是环境负担或者环境负担的转换；X 是影响环境负担的因素或他们的代理变量；U 是残差项。假定在回归模型中存在一个常数项，Y 可以表示为：

$$Y = \alpha + \tilde{Y} + U \tag{4.5}$$

式（4.5）显示，$\bar{Y} = \alpha + \tilde{Y}$ 是模型的确定性部分，$\tilde{Y}$ 代表由不同变量产生的环境负担。如果 $F(X, U)$ 是线性的，则

$$\tilde{Y} = \sum \beta_i X_i = \sum Y_i \tag{4.6}$$

其中，$Y_i = \beta_i X_i$ 表示由第 i 个因素产生的环境负担，总的不平等程度由 $I(OI)$ 给出，I 代表任一不平等指标，OI 代表环境负担的原始观察值。如果对环境负担没有进行任何转换，则 $OI = Y$。

假定环境负担函数是线性的

$$Y = OI = \alpha + \sum Y_i + U \tag{4.7}$$

其中，$Y_i = \beta_i X_i$ 且 $\bar{Y} = \alpha + \sum Y_i + U$，为了导出没有包含在模型中的因素或随机项的贡献，从式（4.7）中剔除 U 可得：

$$G(Y \mid U) = 0 = G(\bar{Y}) \tag{4.8}$$

这样一来，U 对 $G(Y)$ 的贡献可以定义为：

$$CO_u = G(Y) - G(\bar{Y}) \tag{4.9}$$

在式（4.9）中，Y 与 $\bar{Y}$ 之间的差别完全可以归结为 U。

对式（4.5）两边运用基尼系数，可以得到

$$G(Y) = \left[(\alpha/E(Y)) C(\alpha) \right] + \sum \left[E(Y_i)/E(Y) C(Y_i) \right] \Big|_{rankbyY} + 0 \Big|$$

$$= 0 + \sum \left[E(Y_i)/E(Y) C(Y_i) \right] \Big|_{rankbyY} + 0 \tag{4.10}$$

由式（4.9）可知，$G(Y) = G(\bar{Y}) + CO_u$，因为 $\bar{Y} = \tilde{Y} + \alpha$，依据 Shorracks （1999）的自然分解法则：

$$G(\bar{Y} \mid \alpha = 0) = G(\tilde{Y}) = \sum \left[E(Y_i)/E(\bar{Y}) C(Y_i) \right] \Big|_{rankbyY} \tag{4.11}$$

常数项的贡献可定义为：

$$CO_\alpha = G(\bar{Y}) - G(\tilde{Y}) \tag{4.12}$$

总之，式（4.9）、式（4.12）和式（4.11）能将 $G(Y)$ 分解为 CO_u，CO_α 以及向量 X 中各变量的贡献，贡献的百分比分别为：

$$PC_u = 100 \left[G(Y) - G(\bar{Y}) \right] / G(Y) \tag{4.13}$$

$$PC_\alpha = 100 \left[G(\bar{Y}) - G(\tilde{Y}) \right] / G(Y) \tag{4.14}$$

$$PC_{\tilde{Y}} = 100 G(\tilde{Y}) / G(Y) = \left[100/G(Y) \right] \sum E(Y_i)/E(\tilde{Y}) C(Y_i) \Big|_{rankby\bar{Y} or \tilde{Y}} \tag{4.15}$$

从本质上讲，基于回归方程的分析就是将一个回归模型和夏普里框架结合起来，其基本思路是将因变量的不平等分解为回归方程中自变量的贡献和残差的贡献。

（二）变量设计

地区环境负担函数包括下列变量。（1）解释变量：地区治理废水的投资（pws）、城乡居民的人均收入（$income$）；（2）控制变量：国有企业占工业总产值的比重（$stat$）、外商直接投资（fdi）、临近地区的环保压力

（cpw）。所有变量都做了相应的消胀处理，具体变量说明见表 4 - 2。

表 4 - 2　　　　　　　　　　　　变量说明

变量	符号	单位	数据来源和说明
废水排放量/地区工业生产总值	fs	万吨/万元	相应年份的《中国环境年鉴》《中国环境统计年鉴》
治理废水投资/工业废水排放量	pws	万吨/万元	相应年份的《中国环境年鉴》《中国环境统计年鉴》
外商直接投资	fdi	亿美元	ccer 中国经济金融数据库，根据各省相应年份年鉴校正
国有产业占工业总产值的比重	Stat	%	根据相应年份《中国统计年鉴》
临近地区废水压力	cpw	吨/亿元	中国地图，中国可持续发展网，2004～2006年《中国统计年鉴》
城乡居民人均收入	income	元	相应年份的《中国统计年鉴》，城镇居民人均可支配收入用城镇 CPI 平减之后与农村居民家庭人均纯收入用农村 CPI 平减之后相加

采用 1999～2008 年 29 个省份的省际数据，表 4 - 3 是各变量的描述性统计。

表 4 - 3　　　　　　　　　　　　统计数据的概括

变量	观测值	均值	标准差	最小值	最大值
fdi	290	25.0441	38.45188	0.0459	251.2
pws	290	0.6506238	0.6732319	0.0343521	5.301165
stat	290	55.61897	20.5944	11.4	90.6
income	290	12530.9	5343.555	5953.194	34959.35
cpw	290	76561.53	36856.84	13148	185631
fs	290	41.2763	32.16905	3.845313	198.2476

通过理论分析以及对数据画散点图等方法初步分析表明，废水排放和地区污染治理投资、城乡人均收入、外商直接投资以及国有企业占工业总产值呈负相关，和邻近地区环保压力呈正相关。

四、实证分析

(一) 环境负担函数的设定及回归结果

最终选定双对数模型来描述中国不同地区环境负担。环境负担函数的回归结果见表4-4。

表4-4　　　　　　　　　　　环境负担函数估算结果

变量	系数	t 值	P 值
c	21.37	13.7	0.000
lnfdi	-0.0813	-3.11	0.002
lnpws	-0.1626	-6.91	0.000
ln$stat$	-0.4251	-5.05	0.000
ln$income$	-2.0139	-21.94	0.097
lncpw	0.2364	1.66	0.000

所有的参数在1%的水平下都很显著,发现解释变量的系数符号和预期一致,废水排放对收入的敏感性最大。可能的原因在于:一是人均收入越高的地区经济水平越发达,生产技术以及环保技术也越先进,这样对环境污染治理强度也越大;二是人均收入越高,居民的环保意识及生态环境需求越强,对环境污染赋予的效用值也越大。企业的所有制结构对一个地区污染物排放具有的影响只是一个经验问题(彭海珍等,2000),本书样本数据支持国有企业因为承担的社会责任,以及顾忌声誉等考虑,会积极治理污染。临近地区的废水排放越多,本地区的废水排放也会越多。

(二) 分解结果

在对环境负担不平等分解之前,有必要先求解 Y,由于常数项不会对不平等的分解产生影响,所以剔除常数后,对双对数模型两边求指数最终得到用来进行夏普里分解的方程:

$$PW - \exp(-2.01\ln income - 0.16\ln pws - 0.08\ln fdi - 0.42\ln stat + 0.24\ln cpw)$$

$$(4.16)$$

由于计算量大，使用世界发展研究院开发的 JAVA 程序，得到表 4 - 5 和表 4 - 6 的分解结果。表 4 - 5 列出了 1999 ~ 2008 年用不同指数分解所得中国省际间废水负担不均等程度，虽然每个指数反映的不均等内涵不同，但可以发现不同指数计算出来的省际间废水负担不均等程度都有上升的趋势。由表 4 - 6 可以看出，尽管不同指标的分解结果有所不同，但不影响不同因素贡献程度的排序，这里仅根据基尼系数的分解结果来讨论。由于每一年分解结果相差不大，这里只汇报 3 年的分解结果，通过对 1999 ~ 2008 年的分解结果进行简单的计算，发现我们这个模型至少能解释 54% ~ 85% 的地区间环境负担不公平。

表 4 - 5 　　　　　　　　　　　　　　总的不平等的分解结果

年份	Gini	%	Atkinson (e = 0. 5)	%	Theil - L	%	Theil - T	%	CV²	%
1999	0. 255	100	0. 0539	100	0. 1073	100	0. 1144	100	0. 271	100
2000	0. 276	100	0. 0612	100	0. 1229	100	0. 1292	100	0. 303	100
2001	0. 271	100	0. 0590	100	0. 1180	100	0. 1249	100	0. 293	100
2002	0. 282	100	0. 0638	100	0. 1270	100	0. 1361	100	0. 324	100
2003	0. 321	100	0. 0821	100	0. 1656	100	0. 1761	100	0. 431	100
2004	0. 326	100	0. 0849	100	0. 1735	100	0. 1804	100	0. 435	100
2005	0. 359	100	0. 1023	100	0. 2124	100	0. 2169	100	0. 521	100
2006	0. 353	100	0. 0973	100	0. 2044	100	0. 2027	100	0. 465	100
2007	0. 354	100	0. 0992	100	0. 2071	100	0. 2088	100	0. 498	100
2008	0. 362	100	0. 1043	100	0. 2149	100	0. 2234	100	0. 558	100

表 4 - 6 　　　　　　　　　　　　各变量对不平等贡献的分解结果

指标	Gini	%	Atkinson (e = 0. 5)	%	Theil-L	%	Theil-T	%	CV²	%
				1999 年						
fdi	0. 03	14. 25	0. 01	16. 77	0. 02	17. 39	0. 01	16. 93	0. 03	17. 77
pws	0. 02	8. 36	0. 00	6. 24	0. 01	6. 89	0. 01	5. 53	0. 01	3. 75
income	0. 15	71. 18	0. 05	94. 99	0. 11	96. 43	0. 08	94. 41	0. 14	93. 98
stat	0. 00	1. 28	- 0. 01	- 14. 56	- 0. 02	- 16. 41	- 0. 01	- 13. 67	- 0. 02	- 12. 12
cpw	0. 01	4. 94	0. 00	- 3. 44	- 0. 01	- 4. 30	0. 00	- 3. 21	- 0. 01	- 3. 39
残差	0. 04	16. 89								
总和	0. 26	100	0. 05	100	0. 11	100	0. 12	100	0. 27	100

续表

指标	Gini	%	Atkinson (e=0.5)	%	Theil-L	%	Theil-T	%	CV²	%
2000 年										
fdi	0.03	13.15	0.01	14.86	0.02	15.69	0.01	14.73	0.02	14.83
pws	0.02	8.08	0.00	5.97	0.01	6.08	0.01	5.90	0.01	5.69
income	0.15	66.73	0.04	91.17	0.11	94.03	0.08	88.95	0.14	84.85
stat	0.01	2.97	-0.01	-13.05	-0.02	-15.35	-0.01	-11.70	-0.02	-9.22
cpw	0.02	9.07	0.00	1.05	0.00	-0.45	0.00	2.11	0.01	3.86
残差	0.046	16.89								
总和	0.28	100	0.06	100	0.12	100	0.13	100	0.30	100
2001 年										
fdi	0.03	11.4	0.01	13.39	0.02	14.57	0.01	12.89	0.02	12.27
pws	0.02	10.52	0.00	6.25	0.01	6.19	0.01	6.18	0.01	5.77
income	0.14	61.08	0.04	88.8	0.1	92.35	0.07	86.08	0.13	81.09
stat	0.01	5.17	-0.01	-11.52	-0.02	-14.17	-0.01	-9.83	-0.01	-6.63
cpw	0.03	11.82	0.00	3.08	0.00	1.05	0.00	4.68	0.01	7.5
残差	0.048	17.73								
总和	0.27	100	0.06	100	0.12	100	0.12	100	0.29	100

正如我们的预期，采用不同指数会产生不同的分解结果，然而，在不同分解结果中，各变量的贡献率在年度间是相似的，且贡献率的排序基本不变。而且不管采用哪个指数分解，人均收入和废水治理投资的贡献加起来基本上解释了绝大部分地区间废水负担不公平，这与我们的理论研究是一致的，2001 年之前，外商直接投资是环境不公平的第二大影响因素，原因有两点：一是根据表 4 - 6 的回归结果，外商直接投资对本地环境可以起到洁净作用，由于东部省份各种硬环境及软环境要优于西部省份，东部地区的外商直接投资引进量要远远大于西部地区，东部地区可能在一定程度上通过引进外商直接投资使本地环境更加洁净，进而拉大与西部地区的环境负担差距；二是外商直接投资的流入促进本地经济发展，使本地更有财力治理环境，进一步加剧了东部与中西部地区的环境负担差距。临近地区的废水排放这一因素自 2001 年起一跃成为影响区际间废水排放差距的第二

大影响因素，邻近地区的废水排放有效降低了区际间废水排放负担差距。根据我们的研究结果，邻近地区的废水排放量越多，本地的废水排放量相应越多，正如施莱弗（Shleifer，1985）、贝斯利和凯斯（Besley and Case，1995）等通过理论分析发现，由于环境政策外溢性的存在，竞争性地方政府之间往往表现出公共政策的空间相关性和"标杆竞争"（崔亚飞等，2010）。李永友、沈坤荣（2008）在计量分析时也验证了"标杆竞争"理论，认为临近地区环境状况对本地政府、环保部门及企业的环保行为有很大的影响，本地居民会根据临近地区的环保绩效来评定本地环保绩效。国有企业由于其承担相应的社会责任，备受公众瞩目，出于对声誉的考虑，往往会主动采取措施降低污染。国有企业占工业总产值的比重扩大地区间环境负担差距，一个可能的解释是西部地区的国有企业利润不如东部地区，这样东部地区的国有企业更有能力承担包括环境责任在内的社会责任，也就是说东部地区和中西部地区的国有企业所获利润不同，所承担企业环境责任的愿望和能力也不同，加重了地区间的环境负担不公平。

▚ 第四节　本章结论

首先，从区际间发展差距导致区际间环境不公平出发，分析了不同发展水平的国家（地区）对环境恶化造成的影响不同。其次，分析不同发展水平的国家（地区）承受环境恶化的影响不同。一方面，不同发展水平的国家承受环境恶化的影响不同（从伴随着污染转移的产业转移及直接的垃圾转移两个角度分析）；另一方面，不同发展水平的地区承受环境恶化的影响不同（重点从中国地区层面的污染转移及地区间"资源诅咒"两个角度展开）。再次，分析了获得生态利益的富裕国家、富裕地区没有承担应有的环境保护责任（主要从国家层面的角度分析，由不同国家对贸易中的环境问题理解差异、国家环境责任分担标准不确定及话语权几个方面来体现）。最后，分别基于利益分析方法及基于回归方程的分解方法，以废水为例研究了中国省际间环境负担不平等的原因，发展差距使省际间环境供给（对环境的治理投入的愿望及能力）及环境需求（不同收入的居民对环境质量的需求）不同，进而使省际间环境负担不同。在实证分解结果中，发展差距可以较大程度地解释省际间环境负担不公平的原因。

鉴于以上结论，笔者提出以下建议：（1）在缩小地区间发展差距的政策中，也要把缩小环境负担不公平作为重要的政策目标。对于发达地区来说，不发达地区出于基本需求的发展目的，极有可能陷入"环境恶劣—贫困—开发—环境进一步恶化"的恶性循环之中，其环境影响不仅限于当地，而可能影响到包括发达地区在内的整个区域。（2）在环境维护和环境治理的政策中，促使发达地区承担更多的环境责任是必不可少的手段。发达地区的环境责任确定中，应包含其污染转移和污染转嫁。转移支付等方式，不仅是缩小地区间发展差距的重要政策工具，也是环境保护的重要政策工具。（3）加强发达地区和落后地区的合作。如果发达地区只顾自己辖区的环境，将本地生态环境水平的提高建立在落后地区生态环境恶化的基础上，则落后地区生态环境的"短板"最终会导致整个国家环境问题加剧，发达地区依然无法摆脱其影响而"独善其身"。（4）不能就环境负担不公平论环境负担不公平，要着力解决环境负担不公平背后的本质问题即地区发展差距。要通过建立全国统一的市场体系，促进市场化改革，尽快改善中西部地区投资的软硬环境，同时加大对中西部地区转移支付的力度，统筹区域发展、缩小区域差距。

第五章

环境规制与区际间环境不公平

　　由于环境污染具有很强的外部性，市场机制在解决环境污染时暴露出来的问题必须由政府弥补，因此环境规制显得极为必要，本章主要分析政府环境规制活动、环境规制政策与区际间环境不公平的关系。

▍第一节　环境规制与区际间环境不公平的实证分析[①]

　　本节以中国省际面板数据为样本，主要分析不同省份之间的环境规制水平与环境不公平问题，不仅分析了正式规制和非正式规制对环境不公平的影响，而且分析了省份间环境规制差距与环境负担差距的这种相对关系。

一、环境规制对环境不公平影响的实证分析

（一）计量模型

　　本节借鉴傅京燕（2009）的思路，将正式规制和非正式规制同时纳入

---

　　① 本节内容已被收录在钟茂初，闫文娟，赵志勇. 可持续发展的公平经济学 ［M］. 经济科学出版社，2013.

计量模型，来验证环境规制对环境不公平的影响。

1. 实证方法

在现实经济活动中，许多经济关系都是以动态形式存在。当期因变量的变化趋势不仅受制于当期各变量的影响，而且还受到因变量滞后一期值的持续性影响，而且因变量滞后项综合反映了过去历史的全部信息，其系数反映了过去信息对当前经济的影响力度。本书核心解释变量公众参与及环境规制上一期观测值对下一期的因变量即省际间的绿色贡献系数（GCC）会产生影响，且被解释变量 GCC 不仅受到当期各解释变量的影响还受到上期 GCC 的影响。因此，本书采用了文森特和博恩（Blundell and Bond, 1998）提出的系统 GMM（System GMM）估计方法的动态面板数据模型。为了对比环境规制及其他因素对环境公平在不同区域的驱动作用及大小，本节的实证研究同时对东部、中部、西部三大区域的面板数据进行静态面板估计（由于分区域后 N≤T，GMM 估计结果在小样本下无效，只有在大样本下才渐近有效，这里是从估计方法来区分静态面板和动态面板），在回归之前，为了防止伪回归现象的发生，首先对面板变量数据采用 LLC（Levin – Lin – Chu）法和 Fisher – ADF 法进行平稳性检验，发现各变量的对数形式均为平稳性序列。

2. 变量的设计

本节用绿色贡献系数（GCC）[①] 来刻画省际间的环境公平程度，表达式为：

$$GCC = (G_i/G) / (P_i/P) \tag{5.1}$$

其中，G_i、P_i 分别为地区 GDP 与污染物排放量或资源消耗量；G、P 分别为全国 GDP 与污染物排放量或资源消耗量。

本节重点考察解释变量政府规制（正式规制）和公众参与（非正式规制）对环境不公平的影响，公众参与在以往的环境相关的研究中基本上不

---

① 具体含义见第二章。若 GCC <1，则表明该地区污染排放的贡献率大于 GDP 的贡献率，则该地区可能将环境负担转嫁给其他地区来承担，其他地区分担了该地区的环境负担；若 GCC >1，则表明该地区污染物排放的贡献率小于 GDP 的贡献率，该地区可能帮助其他地区承担了环境负担。无论 GCC 大于还是小于1，地区间的环境负担承担都存在不公平性。

显著（李永友、沈坤荣，2004），笔者选取环境信访量（*compl*）指标来直接衡量，选取公众参与以及在岗职工月平均工资（*aww*）和抚养比（*fyb*）两个指标间接衡量，政府规制选用地区治理废水的投资/地区工业生产总值（*pws*）来衡量。

假定1：公众参与程度越小，则该地区对承接污染产业的非正式规制程度越低，该地区相对于其他地区更有可能承担更多环境污染从而遭受环境不公平。

假定2：环境规制程度越低，则该地区的环境污染规制水平及投资治理力度越小，使污染产业的入驻成为可能，相对于其他地区该地区承担更多的环境污染，遭受了环境不公平。

为了更加真实地反映公众参与、环境规制与环境公平之间的关系，加入了其他外生控制变量。控制变量如下：外商直接投资（*fdi*），第二产业增加值与第三产业增加值之比（*indus*23），国有企业占工业总产值的比重（*stat*），临近地区环保压力（*cpw*）。

具体而言，每个解释变量对被解释变量的影响机制如下：

（1）环境信访量（*xinf*）是一个反映公众参与较为直接的指标，环境信访量越多，公众对环境污染施加的阻力越大，则下一期该地区绿色贡献系数越大，单位 GDP 的贡献率大于污染排放的贡献率，相对公平性越好。

（2）抚养比（*fyb*）① 越大，该地区老人和小孩占全部人口的比重越大。根据宫本宪一著名的环境风险三定律，老人、小孩和妇女在环境风险发生时最容易受伤害，因此一个地区该指标越大则相对于其他地区则承担更多的环境不公平。

（3）在岗职工月平均工资（*wage*）一定程度上反映了人们满足物质需求和人文需求的能力，只有在这两种需求满足的前提下，生态需求才会凸显，即一个地区该指标值越大，人们的环境意识就越强烈，对恶劣的环境越敏感，对当地企业的污染以及污染企业的转入抵触越大，该地区相对于其他地区遭受环境不公平程度越低。

---

① 总抚养比 =（老龄人口 + 未成年人口）/劳动力人口。

（4）政府规制（*zhili*）强度越高，地区间环境公平性越好。发达地区环境规制强度越高，则当地环境污染治理效果越好，环境污染总量一定程度上会减少，进而减少向外转移的环境污染，落后地区环境规制强度越高，对发达地区污染产业接纳越少，这样随着落后地区环境规制强度提高，一些由发达地区转移出来的污染产业由于不能顺利转入落后地区则被迫由其他方式处理，则地区间环境公平性越好。表5－1具体反映了变量的符号、单位以及数据来源。笔者采用1998～2008年30个省份的省际面板数据。表5－2是各变量的描述性统计。

表5－1　　　　　　　　　　　变量设计与数据来源

环境公平	变量	符号	单位	数据来源和说明
	绿色贡献系数	*GCC*	吨/万元	根据公式（5.1）计算
公众参与	在岗职工年平均工资	*aww*	元/年每人	相应年份《中国统计年鉴》
	废水环境信访量	*pcw*	封	1996～1998年数据来自中国可持续发展网；1999年数据来自国家统计局网站；2003～2005年来自相应年份的《环境管理年鉴》
	抚养比	*fyb*	%	相应年份《中国统计年鉴》
环境规制强度	治理废水投资与工业废水排放量之比	*pws*	万吨/万元	相应年份《中国环境年鉴》《中国环境统计年鉴》
控制变量	外商直接投资	*fdi*	亿美元	CCER中国经济金融数据库，根据相应年份《中国统计年鉴》校正
	第二产业增加值与第三产业增加值之比	*indus23*	%	中宏数据库
	国有产业占工业总产值的比重	*Stat*	%	相应年份《中国统计年鉴》
	临近地区废水压力	*cpw*	吨/亿元	相应年份的《中国统计年鉴》

表5－2　　　　　　　　　　　变量的统计描述

变量	观测值	均值	标准差	最小值	最大值
pws	330	0.6172535	0.6574388	0.0253021	5.301165
aww	330	14515.4	6944.418	5330.693	47384.86
cpw	330	76948.52	36364.23	13148	185631.00
fdi	330	23.57189	37.02312	0.0459	251.20

续表

变量	观测值	均值	标准差	最小值	最大值
fyb	330	40.79555	7.565354	4.76	57.24
stat	330	54.20212	20.65363	11.00	90.60
indus23	328	1.148231	0.2978821	0.3505761	1.98782
compl	300	1786.543	2502.593	13.00	15622
GCC	330	1.186316	0.9430659	0.2228898	9.790029

（二）实证分析

在进行 Panel 模型的实证研究时，模型形式的设定十分重要，Panel 模型设置的细微差别常常会导致估计结果大相径庭（Baltagi，2008）。根据前面的分析，动态 Panel 模型设定如下：

$$\ln GCC_{it} = \Phi_1 \ln GCC_{it-1} + \Phi_2 \ln pws_{it-1} + \Phi_3 \ln coml_{it-1} + \Phi_4 CPW_{it}$$
$$+ \Phi_5 fdi_{it} + \Phi_6 fyb_{it} + \Phi_7 stat_{it} + \Phi_8 Indus23_{it} + \Phi_9 AWW_{it} + u_{it}$$

$$(5.2)$$

经过检验，AR（1）拒绝原假设而 AR（2）接受原假设，即随机干扰项不存在二阶序列相关的原假设成立。同时，Sargarn 检验接受原假设，说明了我们工具变量的选择较为可靠，不存在过度识别的问题。但当样本较小或使用的工具变量较弱时，动态面板 GMM 估计量将会产生较大的偏倚。博恩（Bond，2002）提出了判断发生较大偏倚的一种方法，即将 GMM 的估计量和混合 OLS 的估计量及静态固定效应模型估计量进行对比。由于混合 OLS 估计通常高估滞后项的系数，而固定效应则一般会低估滞后项的系数，因此如果因变量滞后项的 GMM 估计量介于二者之间，则 GMM 估计值可靠有效。对全国范围样本的混合 OLS 估计所得到的因变量一阶滞后项的系数为 0.509，且在 1% 的水平上显著，固定效应模型的估计值为 - 0.129，在 1% 的水平上显著，GMM 的估计值为 0.341，在 5% 的水平上显著，SYS - GMM 的估计值确实位于混合 OLS 估计量和固定效应模型估计量之间，因此可以验证我们的估计结果并没有发生较大偏倚。模型 2 和模型 3 分别报告了固定效应估计和随机效应估计的结果，这两种方法估计的结果和 GMM

估计的结果基本一致，但是 GMM 的估计结果相对更有效（见表 5 - 3）。

表 5 - 3 环境规制对环境不公平影响的回归结果

解释变量	被解释变量 $\ln GCC_{it-1}$		
	模型 1（GMM）	模型 2（FE）	模型 3（Pooled OLS）
常数 C	$-3.822(-1.37)$	$-0.584(-0.38)$	$-0.951(-0.98)$
$\ln GCC_{it-1}$	$0.341^{**}(1.77)$	$-0.129^{*}(-2.79)$	$0.509^{***}(10.33)$
$\ln compl_{it-1}$	$0.066^{**}(2.15)$	$-0.022(-1.36)$	$-0.017(-0.81)$
$\ln aww_{it}$	$0.118(0.74)$	$0.125^{**}(2.14)$	$0.134^{**}(2.39)$
$\ln fyb_{it}$	$-0.038(-0.21)$	$0.048(0.51)$	$-0.079(0.46)$
$\ln pws_{t-1}$	$0.074^{*}(1.85)$	$0.023(1.05)$	$0.066^{**}(2.2)$
$\ln stat_{it}$	$0.609^{***}(3.83)$	$0.119^{**}(1.95)$	$0.107^{*}(1.66)$
$\ln indus23_{it}$	$-0.586(-1.35)$	$-0.703^{***}(-5.02)$	$-0.332^{***}(-4.25)$
$\ln fdi_{it}$	$0.138^{**}(2.38)$	$0.111^{***}(3.51)$	$0.053^{**}(2.27)$
$\ln cpw_{it}$	$0.032(0.22)$	$-0.108(-0.79)$	$-0.032(-0.72)$
Arellano – Bond test for AR(1)	$-2.914(0.003)$		
Arellano – Bond test for AR(2)	$-0.610(0.541)$		
Sargan test	1.000		

注：本书的估计采用 stata 10.0 软件。括号内为 t 统计值，$*$、$**$、$***$ 分别表示在 10%、5%、1% 水平上显著；GMM、FE 和 RE 分别是 one-step system GMM 估计、固定效应估计和随机效应估计。

下面以模型 1 的估计结果为主进行分析，滞后一期的绿色贡献系数和当期的绿色贡献系数显著正相关，说明在全国范围内，省际之间的环境公平具有连续性，是一个累积的调整过程。居民上一期的环境信访对当期的环境公平有显著的正向促进作用，居民环境信访量越大，该省份的 GDP 贡献率越大于环境污染排放的贡献率，环境公平性越好，这和我们的理论预期一致，但该回归系数较低，说明当前中国居民的环境参与程度还需要进一步提高。城镇居民月平均工资的回归结果不显著，很可能是因为中国公众参与还是比较薄弱，经济收入这个间接指标还没有转化成环境信访的直接指标。上一期的污水治理投资对当期的环境公平有显著的正向作用，但是该系数只有 0.074，其中一个可能的原因就是在污水治理投资的组成部分中，一部分来自政府，另一部分来自企业，企业为了获得政府的污染治理投资，所以会加大污染，使 GDP 的贡献率被抵消掉一部分。

国有企业占工业总产值的比重对环境公平的影响为正，因为国有企业受到公众舆论的压力和社会的关注更多，承担起更多的包括环境责任在内的社会责任，外商直接投资越高，省际间的环境公平性越好，这是因为外商投资更多地进入东部地区，中国环境污染排放物中 70% 以上来自制造业，而外商直接投资则主要集中在制造业，相比西部地区，东部地区吸引的外商直接投资更多，而外商直接投资对东部地区的生态环境有恶化的作用，使东部地区与中西部地区的环境负担差距变小。邻近地区废水环保压力的回归结果不显著，可能在于中国地方政府仍以政绩考核为准，环境质量只是一个软约束，地区间的"环境标杆"还未建立起来，政府之间不以环境质量为竞争目标，更多以经济增长总量为竞争目标。

为了更加清晰地了解在中国东部、中部、西部三大区域内，环境规制对环境公平的作用，本书将同时对东部、中部、西部地区的面板数据进行静态面板估计，表 5-4 给出了环境规制对环境公平影响的分区域回归结果。模型 4、模型 5、模型 6 分别描述了东部、中部、西部地区的环境规制对环境公平的驱动效果。东部地区上一期的省际之间环境公平的现状对这一期的环境公平现状同样具有累积作用，说明东部地区省际之间环境公平是一个连续调整的过程。居民收入的回归系数只有在东部地区样本下显著，东部地区经济发达，居民收入水平高且环境意识相对强烈，能更好地落实环境保护的公众参与，但是中部和西部经济水平相对比较落后，居民收入相对比较低且环境意识薄弱，居民的生态环境需求让位于物质需求和人文需求，因而居民收入变量的回归系数在中部、西部地区不显著。环境规制强度在东部、中部、西部地区对环境的回归系数都有显著的正向作用。值得注意的是，西部地区的环境规制强度对省际间环境公平的正向作用要比中部和东部大。这使我们意识到随着中部、东部地区向西部地区的污染产业的转移，西部地区承接了越来越多的环境污染，在实施同等程度的环境规制下，由于污染基数不同，西部地区环境规制强度每增加一个单位对环境公平的正面作用要比东部、中部地区同样增加一个单位环境规制带来的环境公平作用明显。临近地区的环保压力、抚养比和 FDI 对环境公平的影响不显著，这与前面分析一致。

表 5 - 4　　　　　　环境规制对环境不公平影响的分区域回归结果

解释变量	被解释变量 $\ln GCC_{it-1}$		
	模型 4(东部地区 FE)	模型 5(中部地区 FE)	模型 6(西部地区 FE)
常数 C	$-4.698^*(-1.84)$	$-8.706^*(-1.67)$	$-0.951(0.73)$
$\ln GCC_{it-1}$	$0.730^{***}(9.99)$	$-0.525^{***}(-4.91)$	$0.589^{***}(5.08)$
$\ln compl_{it-1}$	$0.035(1.41)$	$-0.024(-0.93)$	$-0.013(-0.47)$
$\ln pws_{it-1}$	$0.065^{**}(2.11)$	$0.066^{**}(2.28)$	$0.075^{**}(2.59)$
$\ln stat_{it}$	$0.299^{***}(4.10)$	$0.249^{**}(2.35)$	$0.047(0.57)$
$\ln indus23_{it}$	$-0.020(-0.1)$	$-0.011(-0.21)$	$0.019(0.64)$
$\ln fdi_{it}$	$0.021(0.48)$	$-0.027(0.64)$	$0.001(0.04)$
$\ln cpw_{it}$	$0.036(0.22)$	$0.379(1.06)$	$0.1040.54)$
$\ln aww_{it}$	$0.224^{**}(1.93)$	$-0.052(-0.18)$	$-0.100(-1.18)$
$\ln fyb_{it}$	$0.232(0.94)$	$1.155^{***}(4.79)$	$0.101(1.29)$
AR(1)	$-0.463^{***}(-3.28)$	0.744^{***}	$-0.463^{***}(-3.53)$
R2	0.948	0.866	0.92
Adj R^2	0.931	0.813	0.89

注：括号内为 t 统计值，*、**、*** 分别表示在 10%、5%、1% 水平上显著；东部、中部、西部三大区域的划分标准参考《中国统计年鉴 2006》的标准：东部地区包括北京、天津、河北、上海、江苏、浙江、福建、山东、广东、海南、辽宁；中部地区为山西、安徽、江西、河南、湖北、湖南、吉林、黑龙江；西部地区包括内蒙古、广西、四川、重庆、贵州、云南、陕西、甘肃、青海、宁夏、新疆（西藏部分数据缺失严重，因此剔除）。FE 是固定效应估计，估计结果均由 eviews 6.0 得出。

（三）结论

利用 30 个省份 1998～2008 年工业废水排放的动态面板数据，分别分析了中国及三大区域内环境规制对省际间环境公平的驱动作用及大小，主要得出以下几个关键结论。

第一，正式规制即政府污染治理投资在全国样本以及三大区域样本下都和环境公平显著正相关，这说明一个地区正式规制水平越高，接受其他地区污染产业转移的可能性就越小，则本地区 GDP 的贡献率大于环境污染的贡献率，地区间的环境公平性越好。

第二，非正式规制即公众参与在全国样本下是显著的，即上一期的环境信访量越高，下一期的环境公平性越好，但是分区域的静态面板中，公众参与则不显著，说明一定程度上中国环境保护的公众参与较为缺乏，这与以往公众参与污染减排的研究是一致的（李永友等，2008）。近年来，虽然环境政策民主化程度提高，但目前公众在环境监督过程中所起的作用仍较为模糊。1996 年发布的《国务院关于环境保护若干问题的决定》关于"建立公众参与机制，发挥社会团体的作用，鼓励公众参与环境保护工作，检举和揭发各种违反环境保护法律法规的行为"的规定，为实行环境民主开辟了更加广阔的道路。但是从媒体观察报道以及我们的亲身体验来看，环境民主化程度还有很大的成长空间。政府应该切实落实提高居民收入，不断优化收入分配，让更多的居民从物质需求以及人文需求阶段转向生态需求阶段。

第三，临近地区的环保压力在全国样本和分区域样本下回归都不显著，可能的原因是数据质量不高，如果排除这个原因，则说明目前中国地方政府之间仍以增长速度、税收及其他相关经济利益的竞争为主，环境质量对地方政府而言仍然是一个软约束，地方政府并没有真正建立起来环境绩效的竞争机制。理想状态应该是 Tibout 模型揭示的地方政府为税收而竞争，通过努力提高本地区包括环境质量在内的公共物品的质量，争夺那些高收入有能力的居民，居民可以通过"用脚投票"来选择居住地的基础设施和环境质量，但在中国，症结在于户籍制度，这在一定程度上没有很好地制约地方政府对环境做出的牺牲，也不能很好地阻止省际之间的环境污染产业的转移。

因此，要加强正式规制和非正式规制，才能促进地区间环境公平性。加强地方政府的环境规制尤其是落后地区的环境规制，真正将环境保护纳入长期发展战略，并落实到日常的经济政策执行中，同时要给予民众对当地环境质量的知情权，重视环境保护过程中公众参与的作用。目前，中央政府对各级地方政府的考核机制值得深思，调整以 GDP 为标准的考核机制，逐步建立起以 GDP 和环境质量为综合指标的考核标准，使环境质量成为各级政府的一个硬约束。

二、区际间环境规制差距和环境负担差距关系的实证分析

(一) 实证检验

前面的实证分析证明了提高各个地区环境规制水平有利于各个省份之间的环境公平,本部分进一步检验提高西部地区的环境规制水平对省际间环境负担差距的影响。

与环境规制对污染负担的绝对影响相比,我们更关注中国区域间环境规制差距与环境负担差距自身的变化趋势以及二者的关系。一般而言采用基尼系数 (Gini Coefficient) 和泰尔指数 (Theil Index) 来测量目标变量不均等的状况,它们的值越大,就表明目标变量不均等的程度越大;而值越小,则表明目标变量差距越小。但是,它们具有不同的特点:基尼系数分布在 0 和 1 之间,利于不同地区和时期收入差距的比较,但是,这一系数很难分解为地区间目标变量的差距,为了准确反映各区域之间以及各区域内部环境负担的差异程度,以及总差异中有多大份额是由区域内部差异产生的,有多大份额是由区域之间差异产生的,本书的环境负担不均等以及治理投资的不均等采用泰尔指数来分析,它能够比基尼系数、阿特金森指数等描述地区间差异 (或称不平等程度) 的指标更好地符合本研究的要求。废水治理投资的泰尔指数 (分解变量是废水治理投资与废水排放量的比值) 和各地区的废水排放泰尔指数的分解在第三章已经完成。由于废水污染的泰尔指数取值介于 0 和 1 之间,被解释变量为受变量,用传统的线性方法对模型直接进行回归可能会得到负的拟合值,因此通常采用处理被解释变量为截断值或受限制的截取回归模型,又叫 Tobit 模型,将左边截取点设为 0,右边截取点设为 1。因此本书采用 Tobit 模型:

$$fste_i = c + \alpha x_i + u_i \tag{5.3}$$

其中,x_i 为包括核心解释变量的变量组,变量主要如下:

废水治理投资相对泰尔指数 (Fszlxdte),该变量的具体解释见第三章。

除了废水治理投资相对泰尔指数这一主要解释变量，笔者还选取了产业结构（*scgdp*）、经济规模（*gdp*）、所有制结构（*syz*）、外商直接投资（*fdi*）、外贸依存度（*wmycd*）、人口密度等变量。样本包括1999～2010年29个省份，数据主要源于《中国统计年鉴》《中国环境年鉴》以及CCER经济金融数据库。

与前一部分实证分析不同，表5－5的Tobit回归结果重点考察地区间废水污染治理投资的差距和地区间废水排放的差距二者之间动态的相对的关系，由表5－5可以看出，沃尔德检验（Wald）统计量非常显著，表明Tobit模型整体回归有效。回归结果表明，废水治理投资相对泰尔指数与废水排放的泰尔指数呈负相关关系，当各省份之间的废水治理投资相对泰尔指数增大时，省际间的废水排放泰尔指数缩小，即省际间废水排放差距减小。根据前面分析，东部、西部地区间的废水排放差距以及废水治理投资差距是中国总的废水排放差距以及废水治理投资差距的重要体现，且西部地区废水治理投资与废水排放的比值（废水治理相对投资）逐年递增且大于东部地区的这一比值，因此，笔者的回归结果暗含了增加西部地区的废水治理相对投资，从而拉大与东部地区废水治理相对投资的差距，有助于缩小东部、西部地区的废水排放负担的差距。以上是在控制了经济规模、产业结构、所有制结构、对外开放等因素的基础上得出的结论，下面对控制变量回归系数的经济含义做一个简要分析。经济规模（*lgdp*）对废水排放泰尔指数的影响显著为正，这与现实相符，由于每个省份的经济规模不同，资源能源的消耗量及采取的政策不同，因此导致不同省份的废水排放有显著差距。产业结构（*scgdp*）对各省份的废水排放差距有显著为正的影响，每个省份的第三产业占GDP的比重和该省份的经济发展水平有直接联系，大多研究认为第三产业能耗少有助于环境保护，因此第三产业占GDP比重高的省份废水等污染相应排放少，反之，则污染排放多，因而产业结构对各省份的废水排放差距影响为正。所有制（*syz*）、外商直接投资（*lfdi*）、人口密度（*rkmd*）等变量的回归系数显著为负，说明该变量一定程度上降低了各省份间的废水排放差距，具体而言，东部地区有更大的优势吸引外商直接投资，而一些研究表明外商直接投资对环境有明显的恶化作用，因此客观上增加了东部地区的废水排放等污染，进而缩小了东部地区和西部地区的废水负担差距；因为东部沿海地区的人口密度普遍要大于西部地区，人口密度会增加环境的承载力，从而加重环境负担，因而东部地区因人口密度带来的废水排放等污染负担要大于西部地区，从而缩小了东西部的废水排放差距。

表 5 - 5   Tobit 回归结果

解释变量	系数	标准误	Z 统计量	显著性
fszltzxd	- 0.053	0.016	- 3.34	***
scgdp	2.597	0.684	3.8	***
lgdp	0.429	0.096	4.48	***
rkmd	- 0.120	0.023	- 5.31	***
lfdi	- 0.117	0.037	- 3.19	***
wmycd	0.337	0.087	3.85	***
syz	- 1.621	0.319	- 5.07	***
常数	11.478	1.991	5.77	***
Wald				***

注：*、**、*** 分别表示在 10%、5%、1% 水平上显著。

（二）结论

运用 1999 ~ 2010 年各省份的相关数据，利用 Tobit 模型，通过计算各地区的废水排放泰尔指数以及废水治理相对投资的泰尔指数，考察了各个省份间环境规制差距与废水负担差距的关系，结果表明，各省份有差别的环境规制，有利于缩小各省份废水污染负担的差距。加大西部地区的污染治理投资，有助于缩小各区域之间的废水排放差距，相对于实际废水排放而言，东部地区的废水治理投资小于西部地区的废水治理投资，要继续拉大这种差距，进一步增加西部地区的废水治理投资，从而有效减少西部地区的废水排放，才能实现东部、中部、西部地区的废水排放负担相对均衡。因此要优化环境污染治理投资的区域合理分担，中央政府要加大对环境污染治理投资的流向和分配等方面的宏观调控，克服污染治理资金的市场流动惯性。通过有差别的环境规制，对废水污染更为严重的中部、西部地区投入更多的治理资金，从而有效缩小与东部地区的废水排放差距，且中国的江河多发源于西部地区，在西部地区污染治理缺位的情况下，如果治理资金更多地投到东部沿海地区即江河的下游地区，治理效率是低下的，因此从治理效率角度而言，也应将更多的资金投到江河的上游地区即西部地区。这要求中央政府在环境治理资金的地区分配上有一个宏观的调控，东部地区更应主动"帮助"西部地区治理相应的环境污染，最理想的结果是能够促使东部地区承担起治理西部环境污染的主要责任。其理论依据是，东部地区在经济起飞的时候消耗了大量的资源能源，造成了大量的工业污染排放，然而在环境承载力一定的前提下，西部地区的发展因此受到影响。我国资源环境的脆弱带也是贫困线集中的地区，一旦贫困威胁到人们的生存，很难要求西部地区的居民为东部地区保护环境，除非东部地区尽其相应的责任和义务。因此，在新的发展阶段，东部地区有责任接受更强化的环境规制以承担起更大的环境治理责任。

▊第二节　环境规制政策及"非意图性政策"与区际间环境不公平

　　环境规制政策是环境规制的一个重要方面，本节重点讨论环境规制政策与环境不公平。政府的环境规制政策分为两大类：一类是包括环境税（费）、排污权交易、补贴和押金返还制度等在内的环境规制政策；另一类是政府"非意图性"环境规制政策。"非意图性"环境规制政策是指政府旨在减少欠发达国家（地区）及低收入群体承担的环境负担，但结果却造成欠发达国家（地区）及低收入群体承受更多的环境负担，因为这个结果不是刻意安排产生的，而是自发生成的制度结果，因而叫作"非意图性"环境规制政策。本节内容将围绕这两大类政策展开，分析它们分别带来什么样的包括环境不公平在内的不公平。为了减少经济发展水平较低国家的环境负担承受状况，联合国或者其他国际组织也颁布了相应的政策条例来缓解现状，但是这些政策效果往往违背初衷，本着减缓区际间环境不公平的目的执行的这些政策，却产生与初衷相违背的后果。[①]

一、环境规制政策与区际间环境不公平

（一）环境规制政策

环境规制一般适用于以下领域：大气污染、水污染（饮用水安全及江河湖泊污染）、噪声污染、有毒物质使用及有害废物处理等对生态环境及人类健康有不利影响的领域。环境规制的政策工具有不同的划分方法，可笼统地划分为经济手段、法律手段和行政手段，这三种手段在实践中各有特点经常混用。本部分主要概引环境规制的几类基本政策工具以及各种政策工具在不同国家的应用情况。

1. 行政手段

行政手段即通常所说的标准控制，政府颁布标准和制度命令企业减少一定数量的污染，是世界各国政府解决环境负外部性时最基本、最常用的一种政府规制方法，主要指政府采取强制性的行政命令或通过相关环境保护部门对微观经济活动进行管理和调控。我们一般把污染排放标准分为三类：技术标准、安全标准及绩效标准。技术标准是指对被规制企业明确规定采用何种降低污染的技术。基于安全的标准一般是说为了达到保护公众健康的目的，政府规定一个污染排放水平，企业的污染在该排放水平内，则不会对人的健康产生危害。以上两种污染排放标准不仅耗费过高的规制成本，而且这种"一刀切"的规定没有鼓励企业在现有技术及污染水平的规定之外，开发更有效的治污技术或排放更少的污染物。绩效标准一定程度上弥补了上述两种标准的缺点，不仅考虑了规制的成本和收益，而且激励企业采用更适合更有效的技术或通过其他途径减少污染排放。不管是规定企业需要减少污染排放的数量，还是规定企业需采纳的技术，都需要足够信息量和时间来做出判断，因而在实践中行政手段往往被视为低效率。

---

① 本小节内容主要参考徐晓慧，王云霞. 规制经济学［M］. 北京：知识产权出版社，2009：422－424.

2. 法律手段

法律手段是指依靠法律机构，强制性地通过立法及司法按法律规范对环境经济活动进行管理，因为只要排污者触犯相关法律规定，相关部门就会严厉地制裁环境违法者，因而该手段优点是具有社会强制性和公平性，但只要排污者没有触犯相应的法律规定，就不会受到任何法律制裁，自然也没有动力去改进污染治理技术或减少污染物排放水平，因而该手段的缺点是对排污者的行动缺乏激励，而且法律手段往往是对已造成的污染采取罚款等制裁措施，是一种事后补救措施，不利于环境污染的防治。

3. 经济手段

经济手段相比行政和法律手段具有灵活易操作的优点，为各国政府普遍采用。经济手段是指为了实现经济发展和环境保护相协调的目标，利用价格、税收及信贷等经济杠杆影响企业可选择的行为，包括安装治污设施以减少污染排放、缴纳排污费以获准污染或从其他厂商那里购买污染排放权等。① 经济手段最大的优点就是运行成本低且具有良好的激励效果，其效率也是几种政策手段中最高的。在实践操作中经济手段主要包括：环境费（税）、排污权交易、补贴、押金返还、许可证规制制度等。

（1）环境费（税）。环境费（税）主要包括排污费（税）和产品税。排污费（税）是对直接排放到环境中的废水、废气及固体废物等行为，根据其对生态环境造成的破坏程度收取的费用。产品税是指对在制造或消费产品的过程中，对产生污染或是需要处理的产品进行收费或征税。在环境管理的实践过程中，排污费（税）更常见，排污费（税）手段又称庇古税手段，是指每排放一单位污染物需要缴纳多少税，需要排污的企业可以根据自己的生产需要及技术情况来决定排放多少污染物。环境费（税）最早由马歇尔的学生庇古于1920年在《福利经济学》中提出，庇古在这本书中首次阐述了对污染物征税的思想。他认为，应该根据污染物对生态环境造成的损害对排污企业征税，向污染者课征相当于边际外部成本的税收从

---

① OECD. 环境管理中的经济手段［M］. 北京：中国环境科学出版社，1996.

而使社会成本与私人成本一致，使之变成污染者的内部成本。事实上，在实践过程中，要想确切知道制造污染的主体及以污染物对生态环境带来的具体危害程度比较困难，因而根据企业排污制定一个准确的税率比较困难。环境费（税）为各国政府广泛采用，在各个国家也有不同的应用。①

（2）许可证交易。许可证交易的思想分别由克罗克（Crocker）于1966年和戴利（Dales）于1968年独立提出，随后，美国联邦环保局（EPA）尝试将排污权交易用于大气污染和水污染管理，并逐步建立起以补偿政策（offset）、气泡政策（bubble）、净得政策（netting）和存储政策（banking）4项内容为核心的排污权交易政策体系。②

许可证交易也叫作可交易"排放许可证"制度或可交易"投入品许可

---

① 在1978年12月31日，中国政府第一次提出排污费的建议，经过四年的酝酿，1982年2月5日，国务院批准并发布了《征收排污费暂行办法》，自1982年7月1日起排污收费正式在全国执行，标志着排污收费制度正式在建立。欧洲国家在利用市场化办法解决环境问题的工具选择上，更侧重选择环境税。在欧洲，鉴于对水污染的鉴定相对更容易，因而排污费（税）更多应用于水污染，较少适用于控制大气污染。欧洲国家及美国将排污税应用于控制城市生活垃圾和工业垃圾等污染的排放方面不算成功，但成功地应用于控制肥料过度施放。欧盟将能源的消费及使用作为税收的重点。瑞典是欧洲最早把所得税转换为能源税的国家，从1974年起开始征收能源税，但为了协调经济发展和环境保护，瑞典不对工业用电收税，而对家庭用电要征收能源税和碳税。丹麦的环境税体系较发达，从1992年开始对工业部门征收二氧化碳税，不仅增加了税收收入，也有效减少了二氧化碳的排放。荷兰于1980年开始征收二氧化碳税，碳税的实施明显改善了环境。关于产品税的应用，荷兰采用在石油关税的基础之上增加一个附加税，但经验表明，产品税应用于中间产品或产成品要比应用于原材料或消费后的垃圾更为困难。不过也有一些将产品税应用于一部分产成品之上的案例。例如，意大利对塑料袋征收产品税；挪威和瑞典对杀虫剂、电池及废料征收产品税，挪威在杀虫剂的批发价格以上征收13%的统一附加税。类似地，瑞典在本国杀虫剂的价格之上征收20%的税金作为产品税。这些产品税都是由制造商和进口商缴纳的。

② "补偿政策"是为了解决环境保护和经济增长相矛盾的态势提出来的一项政策，针对环境质量不达标的地区，一方面为了保证经济增长允许新建工厂，产生新的污染源；另一方面，为了保护当地的环境，新建污染源的污染排放权必须向已经落户该地区的老的污染源购买，通过这样的方法保证了新建工厂后不会增加该地区的总的污染排放量。"气泡政策"最初是指将一个含有多污染源的厂商看作一个"气泡"，只要保证该"气泡"的污染排放总量在政府规定的范围之内，则该"气泡"内的一些污染源可以尽可能多地减少污染排放量，以弥补其他污染源的污染排放量的增加，后来该政策发展为"多泡政策"，也就是说将该厂商与周围的其他厂商联合起来看作一个大"气泡"，"气泡"内的各污染源可以互相调剂转让污染排放权。"净得政策"是为了简化对新建污染源环境审查的程序而提出的，是针对新扩建的污染源而言，只要该污染源的排放量没有使整个厂区的污染总量超过国家规定的范围，那么新建的污染源就不会面临污染审查的风险，厂区可以用其他污染源减少排放节省下来的污染排放权来换取新建污染源的排放权。"存储政策"的含义是如果厂商暂时使用不完"排污许可证"，可以将其保存起来，留做以后使用或出售。

证制"。许可证交易的含义是指在一定区域内，政府设定总的环境质量目标，进而推算出该地区允许容纳的总的污染物排放水平，将总的污染物排放权利分割成若干排放权，以不同的方式分配这些权利，在保证污染物排放总量不变的前提下，排污单位之间可以通过货币交换的方式进行排污指标的调剂转让。排污权交易制度的设计使企业有动力减少污染，因为市场会对这种超额减排行为进行补偿，即市场激励由于超量减排而产生剩余排污权的一方，通过出售剩余排污权便可获得相应的经济回报，而由于客观的经济规模扩大或者治污技术有限及主观的没有按要求减污导致的排污权不够使用的一方，则需要付出经济代价向超量减排的一方购买排污权，这样才有可能真正实现污染总量的控制目标，而且从一定程度上来讲，污染治理由政府的强制行为转变为企业自觉的市场行为，因而为世界各国普遍采用。

美国将排污权交易制度广泛应用于二氧化碳、二氧化硫及其他污染物的污染治理上，且均取得较好的成效。美国自1974年至今，以《清洁空气法案》框架下的标准大气污染物质为主要交易内容的排污交易计划，节约了至少50亿~120亿美元；自1995年至今开展的以电力生产部门二氧化硫排放为主要交易内容的酸雨减少计划，每年可节约10亿美元以上的污染治理投资（伯特尼等，2004）。排污权交易制度为其他发达国家如法国、英国、德国、澳大利亚等广泛应用，并不断拓展深化排污交易制度的应用领域。

中国关于二氧化硫排污权交易的探索始于1999年，将本溪和南通确定为首批试点城市。2001年9月，在江苏省南通市我国首例二氧化硫排污权交易成功实现，几乎在同时，山西省政府和亚洲开发银行共同启动了"二氧化硫排污权交易机制"项目，该项目由美国未来资源研究所和中国环境科学研究院联合执行，以太原作为试点城市，共有26家大型企业参与示范，主要针对的污染物为二氧化硫，并制定出5年内的排放权分配及配额的跟踪核查、储存及排放的监测申报、罚款等方案，属于中国制定且比较完整的首个二氧化硫排放许可交易方案。有了之前的成功经验，2002年3月，国家环保总局将排污权交易试点扩大到二氧化硫排放量最高的山东省，能源开采大省山西省，经济发达的上海市、江苏省，工业发达的天津市，人口众多的河南省及酸雨典型地区柳州市，随后又将拥有电力行业1/10 发电容量的中国华能集团公司列为示范单位，由此，"4 + 3 + 1"（即4 省、3 市、1 个公司）项目试点范围正式确定，标志着我国对二氧化硫排污权交易政策的探索进入了新阶段。

（3）押金返还。[①] 押金返还是指在产品的销售价格之上征收一个附加费，附加费在回收这些产品废弃物时，给予退还的一种制度安排。在发达国家，作为一种针对固体废弃物污染控制的手段，押金返还制度得到广泛应用。

（4）补贴。补贴制度的适用对象一般是企业和研究单位，方式包括贷款、税金减免和拨款，目的是鼓励其从事污染排放降低的技术开发和生产环境友好的产品。[②]

总之，不同国家根据本国污染物特性以及本国国情分别采用了适合自己国家的政策来弥补市场失灵，对环境污染的负外部性进行规制，接下来

---

① 许多国家在处理饮料瓶的回收时都采用押金返还制度，包括美国、法国、德国、加拿大、澳大利亚、瑞士、印度、埃及、黎巴嫩、叙利亚、塞浦路斯等，一些国家对塑料饮料容器使用押金返还制度，饮料售价包括附加费，消费者在饮用完饮料之后如果交还饮料瓶，便可得到购买时预付的附加费，各个国家的塑料饮料容器的返还率均超过60%；同样对玻璃瓶实行押金返还制度的应用也极为广泛，葡萄酒瓶和酒精瓶的返还率在60%～80%，而啤酒瓶和软饮料瓶的预付金占销售价格的比例较高，其返还率几乎可达90%～100%；澳大利亚、加拿大、葡萄牙、瑞典、美国还对金属罐使用押金返还制度，其中啤酒罐及软饮料罐等的返还率在50%～90%；为了促使人们购买排放更低的新车且避免随处丢弃旧车，希腊、挪威、瑞典等国家将押金返还制度应用于汽车残骸的回收，其返还率达到80%～90%；奥地利、美国及德国对涂料包装、荧光灯管、汽车电池和清洁剂包装等实行押金返还制度，返还率在60%以上。还有一些欧洲国家如挪威、瑞典、丹麦、芬兰等，进一步研究如何把这种押金返还制度应用于其他污染控制，如处理镉和汞含量很高的电池。

② 在美国，为了帮助农场主进行水土保持和维护土地生产能力，政府投入了上亿美元的资金；法国为了控制水污染给企业提供贷款；在德国，一些规模较小的企业本身无力安装相应的污染减排设备，但为了响应整个国家环保计划的号召，不得已在短时间内采用相应的环保措施，但这些小企业会因此周转不开，政府则会对其补贴；意大利政府针对积极治理污染且改进生产程序的企业优先提供补贴；荷兰为了激励企业服从环境监管，开发清洁生产技术，专门设立了一项财政援助计划；为了减轻农药的喷洒对环境造成的负担，瑞典政府会为农场提供财务支持和技术帮助，并提供专门的资金用来检验农药喷洒设施的有效性、训练农药喷洒技术及增强农药的技术开发；在中国，为了加强环保产业的竞争力并起到良好的推广示范作用，上海市政府规定凡是节能减排标准高于某个标准，则将对相应的单位和企业给予适当的资金补贴。

本节内容将会分析这些环境规制政策在实践运用过程中，可能会产生哪些包括环境不公平在内的社会不公平。

（二）环境规制政策与区际间环境不公平

各国政府不管采取哪种政策，初衷都是有效地防治污染，这些政策的污染防治效果在不同国家、不同行业已得到基本验证，但是这些环境规制政策对不同群体、不同地区的影响是一样的吗？在保证效率的同时兼顾到公平了吗？本部分具体分析了政府环境规制政策工具在减少污染的同时可能会造成新的环境不公平的情况，其实不仅是落后国家（地区）在运用环境规制政策时需注意相应的环境不公平问题，即使是发达国家（地区）在运用这些环境规制政策时也应该注意潜在的环境不公平效应。

1. 标准规制与环境不公平

标准规制是政府控制污染的一个常用手段。政府通过信息搜集进行相关的调查研究，确定出该企业所能排放的最高污染排放量，但凡超过规定限度排污量的企业，政府将对该企业处以经济或法律处罚。在这个过程中，如何针对生产过程及降污成本不同的企业设定不同的排污标准便成为该政策手段的重点和难点。通常，决策的方法有以下几种（伯特尼等，2004）。

（1）成本最低原则。成本最低原则也许是经济学理论研究者最先想到的一种实践方法，以最低的成本来完成削减污染的目标，成本最低原则在理论上是指对于第1吨污染物，处理工作应该交由具有最低处理成本的企业来完成，而对于第2吨污染物的削减，管理者继续寻求处理成本最低的那个企业来完成，以后每1吨污染物都寻求边际成本最低的企业来完成，这个过程一直进行到减排目标达到为止，在理论上这个方法可以确保整个社会以最低的成本去处理污染排放物，但这个方法显然太过理论，在具体实践过程中有两点质疑：一是如何高效掌握每个企业削减污染物的真实成本信息，对管理者而言非常困难，一旦无法获得相应的信息或者为此要付出极高的成本，则这个方法的实用性就值得怀疑；二是即使掌握到企业削减污染的真实成本信息，也不能因为某一家企业具有减少污染的成本优势就总是安排这家企业来承担处理污染的工作，这种做法符合经济学成本最低的原则但不现实，而且仍然会造成成本分担不公平。

（2）比例均等原则。该原则"一刀切"地规定所有企业都在原来污染水平的基础上减少同等比例的污染排放。从表面上看，该原则"公平地"对各企业规定同一个污染减少比例，但正是这种要求所有企业同等比例削减污染量的规定实际上造成很不公平的财务分担。具体分析，不同企业的生产过程和生产技术不尽相同，因而达到政府规定的污染削减比例付出的代价也不尽相同，也许有些生产技术相对成熟的大企业本身就已安装相关的污染处理设备，或者只需对生产工艺稍作改变就可以达到政府规定的减排标准，但有些规模较小的企业本身无力负担昂贵的治污设备，为了达到政府规定的减排比例必须负担昂贵的机器运转成本。因而如果"一刀切"地规定所有企业减排同一水平的污染，就会产生不同企业承受污染治理成本的不均衡问题。

（3）负担能力原则。比例均等原则由于没有充分考虑企业生产过程及技术方面的异质性引发公平性的缺失，那么负担能力原则充分考虑到每个企业的支付能力来制定不同的减排量会不会更公平呢？类似于所得税制的累进性，高收入者缴纳高比例税收，低收入者缴纳低比例的税收，负担能力原则是说针对经济效益较好的企业，提出减少更多污染排放量的要求，因而该原则实际上是所得税制在环境税制的延伸。通过进一步分析我们发现这样一个问题，即一个盈利较差的企业由于无法支付采用相应污染控制技术的成本而造成严重的污染，但是该污染企业却不在我们的规制之内。相反，一个盈利较好的背负着较多社会责任（包括环境责任在内）的企业，却要不断改进技术满足政府日益严格的环境规制水平。显然，这种处理方式对于那些盈利较好且不断改进污染治理技术的企业没有起到很好的激励作用，但却在一定程度上保护了一些盈利能力差、污染严重的企业。

上述三种标准控制原则都或多或少地存在不公平的环境污染治理成本分配效应，因而，如何使各个企业尽可能公平地分担环境污染治理成本需要更多的思考和实践。

2. 环境费（税）规制与环境不公平①

环境费（税）主要是指对开发、保护和使用环境资源的单位和个人，按其对环境资源的开发利用、保护或污染、破坏程度进行征收或减免的一种税收（Poterba，1991）。通常用效率和公平两个方面来评价一种税制的设置。在效率方面，环境税在环境保护方面的作用已得到认可；而在公平性方面，环境费（税）的分配效应却差强人意。对一种税收的公平性通常用"累进性"或者"累退性"来评价。如果环境费（税）具有"累进性"，则随着收入水平的提高，环境费（税）收占收入的比例也越高，意味着高收入群体承担的税收要多于低收入群体承担的税收；如果环境费（税）具有"累退性"，则收入越高的人，环境费（税）占其收入的比例越低，意味着低收入群体承担的税收要多于高收入群体承担的税收。

已有研究表明，环境费（税）对低收入群体具有累退效应，因为低收入家庭相对于高收入家庭而言，用来消费电力、石油、供暖的收入占其总收入的比重更高，因而相比高收入家庭，低收入家庭更能体会到能源税带来的负面影响（Smith，1992）。如一旦征收煤炭税，必将使煤炭的价格抬升，抬升的部分最终转嫁到消费者身上，在我国西北地区的农村，煤炭是农民的生活必需品，也是农民冬天主要的取暖原料，煤炭价格的抬升对这类低收入群体的生活必然带来沉重的打击。国外也有一些学者研究环境税的累退性，结果表明，征收能源税、碳税等环境税确实使低收入家庭承担更多的成本。早在 1995 年，国际经济合作组织，就发布报告指出，由于低收入家庭花费在家用能源和交通燃料的支出相比高收入家庭占总收入的比例要高，因而碳税具有轻微的收入累退性，使碳税主要由低收入家庭承担。② 波特伯（Poterba，1991）通过计算针对 1 吨碳征收 100 美元碳税的收入分配效应，结果发现在所观察样本中，部分收入最高的家庭支付的碳税仅占其收入的 1.5%，而大部分收入最低的家庭支付的碳税却占其总收入的 10%。史密斯（Smith，1992）通过

---

① 本部分内容主要参见刘喜丽. 环境税的分配效应解析［J］. 生态经济，2009（9）：66－71.

② Jean – Philippe Barde. Environmental taxes in OECD countries［M］. Paris：OECD，1995.

计算英国针对 1 桶石油征收 10 美元的碳和能源混合税这一政策对不同收入家庭的影响，结果发现，占总样本 20% 的最高收入家庭每星期额外支付的混合税为 2.95 英镑，仅占总收入的 0.8%，中等收入家庭需要支付 2.21 英镑的额外混合税，占其家庭总收入的比例为 1.4%，而占总样本 20% 的低收入家庭支付的额外混合税为 1.45 英镑，则占其家庭总收入的比例为 2.4%，以上数据表明，征收该项混合税对低收入家庭带来的负担显然要比高收入家庭重。清华大学环境工程系张天柱、郑方辖、崔东海（1996）根据 1994 年全国 34940 户城市居民的收支调查数据，发现从居民污水收费占不同收入群体收入的比值来看，该项收费具有累退特点，其中最低收入居民的生活污水排放收费占其收入的比例是高收入居民这项比例的 4 倍左右。

为了更清晰地理解环境费（税）使低收入家庭过高比例地承担环境负担，我们做一个简单的对比。现有一个高收入家庭和一个低收入家庭，同时面临政府征收 10% 的能源税（主要针对煤、电等高污染能源），假设这两个家庭购买的能源数量和价格均相等，因此，两个家庭缴纳的能源税收额度一样多，但高收入家庭的能源税占其收入的比重肯定是低于低收入家庭，假设高收入家庭这一比例是 1/100，低收入家庭这一比例是 1/10，显然相对各自家庭的支付能力而言，低收入家庭过高比例的承担了环境保护的责任，如果政府继续提高能源税，那么对高收入家庭的影响仍然很小，不可能因为这个多缴的能源税而改变高收入家庭的消费模式，当然可能的一种改变是高收入家庭可以选择其他污染程度低的能源作为替代品，而低收入家庭没有能力购买相对昂贵的节能资源，只好减少购买量，这无疑降低其生活质量。

3. 许可证规制与环境不公平

排污权交易这种许可证方案利用价格手段治理污染，结合了标准控制和环境税的优点，是政府干预程度较低的一种方案，但从公平性角度评价，排污权交易方案一定程度会导致环境不公平。在分析许可证规制引致的环境不公平之前，先来看许可证规制降低污染物的实现机制，这样可以更加清晰地看出许可证规制可能引致哪些环境不公平。

以二氧化硫为例，分析排污权交易制度降低二氧化硫排放强度的机制。市场中有两类经济主体：一类是处理污染效率高的主体，称作高效主体；另一类是处理污染效率低的主体，称作低效主体，高效主体处理二氧化硫的单位成本要低于低效主体处理二氧化硫的单位成本。高效主体因减排技术先进、成本低等优势超额完成减排任务，出现剩余排放权；低效主体由于增产、设备落后等原因无法完成减排任务，排放权出现不足，这样产生了排放权的供给方和需求方。低效主体如果在预定时间内无法达到减排目标，则要么减产停产面临利润损失，要么继续生产面临高额罚款，但这两者都不是低效主体的最优选择，而高效主体剩余排放权占用流动资金会带来财务损失，因此有出售的需要，这样供给方和需求方便实现了对接，低效主体将一部分污染转让给高效主体处理，其自身收益会增加，势必要让渡一部分经济利益给高效主体，于是污染排放权在和低效和高效主体之间便发生了买卖转让。这种动态的调整一直到低效主体购买高效主体剩余排放权的支出成本等于低效主体安装节能减排设施的费用或者低效主体污染超标的受罚金额，这种交易才会停止。①

在这个过程当中，单位产出的二氧化硫排放被有效降低，低效主体的选择推动了二氧化硫排放强度的降低。一般来讲，低效主体在生产规模没有达到一定数量时，安装节能减排装置是不经济的或是企业无法支付的，所以主动提高污染处理技术是不现实的，而停产和缴纳高昂的罚款则是被动承担污染处理的成本，这更是企业不愿意面临的状态，此时低效主体的最优选择是购买高效主体的剩余排放权，这样既可以完成减排目标，又可以增加企业的经济绩效，在企业污染排放一定的前提下，企业经济绩效增加，则单位 GDP 二氧化硫排放降低。高效企业由于安装节能减排设施或采取其他节能减排措施，会使生产成本增加，经济绩效降低，但这一切是给定追求利润最大化的前提下进行的，高效主体理性的选择不会使节能减排影响企业利润减少太多，而由于经济激励却使企业有很强的动机去减少污

---

① 本部分内容已发表，见闫文娟，郭树龙. 中国二氧化硫排放权交易会减弱污染排放强度吗？[J]. 上海经济研究，2012（6）：76–83.

染，使高效主体二氧化硫的排放减少较多，而其单位产出只是略微下降，这样高效企业的二氧化硫排放强度也会降低。这样高效主体和低效主体同时出于利润最大化的考虑，形成了二氧化硫排放权的供给和需求，进而降低了二氧化硫排放强度。上面的分析说明排污权在高效主体和低效主体之间买卖有效降低了单位产出的二氧化硫的排放强度，其实排污权在新老企业之间的买卖同样激励两类企业进行技术革新，进而减少单位产出的二氧化硫排放。排污权在新老企业之间的买卖一方面刺激老企业及早采用污染治理技术，另一方面促进新企业不断开发新的更加有效的新技术。当企业的污染治理成本低于其排放成本时，他们就会自觉地自行减量或实行清洁生产，把节约下来的排污权拿到二级排污权交易市场进行交易。老企业可以通过技术革新降低污染物的排放，把多余的排污权卖出进而获利；新企业在进入市场时采用"清洁生产"的技术以节省排污权的购买成本，所以无论新老企业都在利益的驱使下有动力去实行技术革新，从而降低单位产出的二氧化硫排放。

第一，初始排污权分配的公平性。排污权利的初始分配是排污权交易制度正常执行的前提和起点，应该以什么标准给各污染源分配初始排污权，是这项制度涉及公平性的第一个地方。如果以历史排放为依据对不同企业分配排污权利，那么就等于变相鼓励历史上污染排放多的企业，如果以现有的经济规模为依据对不同企业分配排污权利，还是不能有效激励企业开发新技术降低污染，误认为经济规模大则有权利排放更多污染。还有一种方法是竞标，看似公平，但会导致其他问题，如那些本来可以通过正常分配获得免费排污权的企业，因为竞标失利，则任何污染排放都必须向其他企业购买，会增加那些尤其是规模较小企业的经济负担，并且，一旦初始排污权以竞标的方式分配，且不说寻租腐败导致污染排放权的集中，即使是市场上公开公正的竞标，排污权也会被那些利润较高的企业买走，从而导致该企业所在地区成为一个"污染热点"，周围的生态环境会遭受更大强度的破坏，使该企业周围的居民相比其他居民过多地承担了环境恶化的负担，因而导致环境不公平。第二，排污权交易结果容易导致环境不公平。排污权交易虽然使整体污染水平降低，但会发生某一区域污染物加剧并导致"有毒热点"的现象，而且"有毒热点"主要发生在低收入地区（张天柱等，1997）。出于生产成本和污染治理成本的考虑，大型污染企业的生产过程要排放大量的污染物，一般不会在中高收入社区周围建厂，因为该社区居民有较大的可能会运用相应的社会政治影响力或采取抗议等方式阻止企业向其他企业购买排污权，使企业被迫安装污染控制设备，而如果选择在低收入社区周围建厂，上述现象一般不会发生，低收入群体的环境风险意识较为薄弱且不善于行使自己手中的权力来维护自己拥有的健康生活环境，最根本的原因是大型污染企业可以为他们提供就业机会，能确保他们的收入增加，潜在的健康风险远不如现在的生存重要，最终低收入社区变为"污染热点"，更多承受环境恶化的风险。第三，按行政区划进行的排污权交易容易导致环境不公平。中国目前是按行政区划在不同划分单元间进行排污权交易，而所谓的行政区划是根据经济、文化、历史、地理等原因人为设定的，和环境容量相对应的"环境单位"并不一致，例如，整个长江流域包含若干个省、市、自治区，但从保护整体水体质量的角度来讲，整个长江流域应该是一个"环境单位"，但在中国式分权大背景下，中央政府对地方政府实行经济激励和政治激励，各个省份围绕中央政府 GDP 考核这根指挥棒展开竞赛，地方政府对省内的经济增长速度以及相邻省份经济增长排名的关注远远大于不带来政绩的环境保护事业，更无暇关注省外的环境问题，这与排污权交易制度保护环境的初衷相违背。这一方面增加了排污权交易在全国推广的难度，另一方面造成地区间及居民间环境负担不公平。例如，一个省份位于流域的上游，另一个省份位于流域的下游，上游的省份迫于经济发展压力引进废水排放量大的企业来拉动经济，于是向下游购买更多的废水排放权，这样上游地区在制度的保证下超额排放废水，使当地居民被迫负担更多的废水负担，而且上游地区废水排放对整个流域的水质保护都起到关键作用，因此以行政区划为基础的排污权交易不利于整个流域的水质保护，也会产生相应的不公平。

二、政府"非意图性"环境规制政策与区际间环境不公平①

国际组织制定一系列环境规制政策旨在减轻经济发展水平相对落后国家过多承受环境负担及低收入弱势群体过多遭受环境恶化的影响，但由于发展水平相对落后的国家（地区）及低收入群体没有能力支付这类清洁、健康的物品或服务，在现有的经济发展水平及收入水平下，这些试图减少其所承受环境负担的行为反而会增加这些主体的生活成本及经济发展成本。

以一国政府帮助低收入群体减少其所承受环境负担为例。政府本意是帮助贫困的弱势群体更少地承担环境负担，例如，将低收入社区附近的污染企业迁出或者将打农药的农副产品逐出市场，但是最终结果却是贫困的弱势群体没有支付能力去享受清洁环境或健康的产品，为了生存他们有可能选择一个新的恶劣的居住环境，这期间还要承受额外的迁移成本，或者选择价格低廉且没有健康保证的产品，以居民租房和垃圾场选址为例可以较好地说明政府旨在减少低收入群体承担的环境负担，但结果却造成低收入群体承受更多环境负担的现象。一般而言，厂商以成本最小化收益最大化为目标，选择厂址时一方面会考虑土地、劳动力等要素价格较低的地区，另一方面会考虑一旦潜在风险爆发需要赔偿金额较低的地区，而贫困的弱势群体由于收入低支付不起高昂的房租，因此通常选择房屋出租价格较低的社区，如果将厂址选在这里，一旦污染不幸发生，由于该地居民的收入低、环境意识淡薄及健康的自我评价也低，即使赔偿，金额也不会太高，因而污染企业通常在低收入社区周围。假设现在政府为了维护低收入群体的生活环境，让所有低收入社区附近污染严重的企业迁离，这样做的结果是伴随着低收入社区周围的生态环境慢慢改善，这个社区的房屋出租

① 本部分内容主要参见黄之栋，黄瑞琪. 光说正义是不够的：环境正义的政治经济学分析——环境正义面面观之三 [J]. 鄱阳湖学刊，2010（6）：17－32.

价格慢慢上升，由于经济收入约束，这些房租渐涨的房屋将不会被低收入群体选择，他们会重新选择租金相对廉价环境也相对恶劣的社区，因为对他们而言，以相对低廉的价格维持生存要比享受干净的居住环境来得实在。在政府规制过程中，政府规制帮助低收入群体的初衷并没有实现，低收入群体并没有脱离恶劣的生态环境，反而增加了迁移的成本。

政府帮助低收入群体减少所承受的环境污染状况，一方面，通过局部改善低收入群体的生活环境，如上分析的住房和垃圾场的选址；另一方面，通过提高整体的饮食及生存环境，低收入群体自然会更少地承受相应的环境不公平。例如，企业生产的产品中，无绿色标识的产品一般销售给收入较低的消费者，收入较高的消费者更有能力和意识购买有绿色标识的产品，企业在生产产品的过程中都会造成污染，耗费资源能源，而且生产后者耗费的能量更多，但是环境污染的成本是所有人一起分担的，而收入较高的消费者享受了更健康的消费，收入较低的消费者的健康受到损害，这是不公平的。为了保证健康，完全勒令禁止有公害的、无绿色标识的产品的生产，市场上全是无公害的绿色产品，收入较低的消费者支付不起，由此产生另外一种政府规制导致的分配效应不公平。

以上是一国政府采取相应的措施来减少低收入群体承受的环境负担，其实针对国家间及地区间环境负担承受不公平的政策也会产生违背政策初衷的后果。例如，为了保护经济发展水平落后国家的环境安全及居民的身体健康，含铅废电池的进出口往往被禁止，这项禁令的初衷值得称赞，但事实上，落后国家通过进口其他国家的"垃圾"可获得本国所需的宝贵资源，这项禁令的后果是切断落后国家进口廉价资源的渠道，只好接受以昂贵的价格进口原材料，增加了企业的生产成本，减少了企业的利润，最终导致公众的收入相对降低，不仅如此，废弃物的禁运会导致大量的工人失业。

美国为了提高本地的环境质量，且减少以过低价格将污染交给本国经济发展水平较低地区处理，于是出台了《资源保护与回收法案》。该法案的出台相应提高了有害废弃物合法处置的费用，但引发了一个特殊的问题：人们会选择既"经济"又"方便"的废弃物处理公司非法处理，由于这个交易过程大多在午夜进行，我们把这个过程形象地称为"午夜倾倒"，在非法倾倒的现场，没有烦琐的程序，甚至不需要提问，双方就能无障碍地以40美元处理一桶污染物的价格和有毒废弃物处理公司成交，而且这类应运而生的非法处埋废弃物公司数量很多，相互竞争激烈，使废弃物的处理价格较按正常程序处理的价格低很多，而正常程序每桶废弃物的合法处置成本要568美元，并且程序烦琐。这些在地下成功交易的污染物，最终还会流向那些垃圾处理相对便宜的地区，而且垃圾处理场一般坐落在低收入社区附近，总之这项法案旨在维护本地环境及改善地区间环境负担的初衷没有达到。除了非法处置垃圾，由于废油的合法处置成本也在提高，非法倾倒废油的频率也大大提高。毫无疑问，非法倾倒废弃物及废油比合法处理这些污染物对环境造成更严重的损害，政府主观上想规范废弃物的处置来保护环境的初衷没有达到，客观上催生了废弃物非法交易双方，最终使生态环境受到更大的破坏。[①]

以上几个例子反映了政府颁布政策的本意是帮助贫穷的国家或者低收入群体更少地承受环境恶化的影响，但政策实施的效果却使帮助对象没有因此减少所承受的环境恶化负担，违背初衷。因而环境公平要与其他社会公平有一个恰当的权衡，一味地注重环境公平可能与社会普遍公平的实现相违背。

三、环境规制主体缺乏监督引致环境不公平

以上分析是关于环境规制手段产生的规制结果会引致环境不公平，其实政府规制主体如果缺乏监督，同样会产生环境不公平。政府规制的主体是理性的经济主体，规制者与被规制者进行博弈，做决策时会面临各种利益集团的干扰，极有可能受到利益集团游说，甚至被"俘获"，从而达成合谋，侵占了公共环境利益，或者政策的制定者本身就会利用自己手中的

政治权利制定有利于少数社会经济地位及政治权利占优势群体的决策，带来不公平后果。

公共决策理论中的利益集团理论是说规制者在执行规制的过程中，规制行为容易受代表不同地区、群体及行业的各种利益集团的影响，那些组织良好、经济实力雄厚、社会地位高且政治技术熟练的利益集团最能影响政策的制定，使政策的制定最终有利于这些团体，而低收入群体缺乏政策影响能力，只能服从已制定的政策，最终规制行为偏离其原本的规制目标。类似利益集团理论的表述，芝加哥学派用规制俘获理论解释了这个现象，其代表人物施蒂格勒认为一个利益集团可能借助自己的政治经济影响力说服政策制定一方，实施对自己有益的规制政策，通过转移社会上其他成员的福利为自己的利益，在规制过程中可能存在规制俘获现象（杜传忠，2005）。在环境政策的制定方面，道理是一样的，低收入群体缺乏影响环境政策制定的能力，而那些经济、政治及社会地位占优势群体组成的利益集团有能力俘获政策制定者，收获政策带来的收益。具体来说，奥尔森（1999）认为利益集团最大化自身利益最主要的途径是通过提高社会整体生产力，然后提高自己在总利益中的分成比率。例如，日本为了刺激石油的消费量，上马多个大型项目且推销私家车；在20世纪80年代，推行了"国铁分割民营化"，将3000公里的地方铁路线卖掉，试图将主要的交通载体由铁路变为公路，进而将高速公路从原来的5000公里延长为14000公里。交通模式的变革一定程度上会方便人们的生活，但是不可否认，这种便利不是每个人公平享有的：一方面，低收入群体由于没有足够的收入支持购买汽车，对这类人而言交通反而受限，远不如坐火车方便且实惠，不仅造成严重的能源浪费，而且大规模私家车尾气的排放带来严重的废气污染，进一步恶化大气环境导致温室效应，这些环境恶化的后果是所有居民一起承担的，甚至可以说低收入群体承担的环境污染更多，并且私家车的使用较火车行驶而言交通事故发生的概率大大提高。另一方面，由铁路转变为公路的交通模式变革，会增加一笔公路投资及公路交通保险的额外费用，这笔高昂的费用势必由社会全体纳税人共同分担，因此如果把这次变革看作是以牺牲群众利益为代价来彰显精英政绩也不为过（乔秋华，2006）。

除了"利益集团理论"和"规制俘获理论"，由阿西莫格鲁（Acemoglu，2003）提出的"社会冲突理论"也从不同角度阐述了政策制定的有偏现象。"社会冲突理论"是指高收入群体会利用自己极具优势的政治权利和社会经济地位，制定有利于高收入群体的政策，这样名义上的公共政策就极有可能沦落为少部分人服务的内部公共政策。在西方发达国家，环保组织的成员主要是由专业人士和中高收入群体构成，低收入群体往往被忽视，环境保护往往由社会的精英人士主导，低收入群体没有足够的社会经济影响力，而且往往被认为环境保护意识薄弱。

以上是关于国外相关的分析和举例，在中国由于环境规制主体缺乏监督导致的环境不公平现象并不少见，由全体纳税人的税收支撑建设的公共产品，原本为公民共享，结果却出现为部分群体盈利的现象。

例如，被评为"津门十景"的天津水上公园，1951年对外开放，是天津市规模最大的综合公园，公园面积至少200公顷，然而近年来一些饭店酒店等商业建筑悄然出现，挤占了至少30公顷的公园面积。水上公园这个供居民休闲娱乐的公共环境是政府利用全体纳税人的税收投资建设，每个公民都有权利享受这里优美的环境，这个公园的存在不仅对天津市生态环境净化维护起到功不可没的作用，而且在丰富当地居民的精神文化世界也起到不可替代的作用，但当满足部分高收入群体的利益成为政府在经营管理公园时的一个目标，满足公众的娱乐休闲等福利被淡化。[①] 这个例子说明缺乏监督的政府行为以牺牲低收入群体的生态环境利益为代价，满足高收入群体的经济利益及生态环境利益，造成了不同收入群体间生态环境利益分配不公。有些时候，政府为了保证当地的经济增长和维持税收，对污染企业进行包庇，最终使当地的生态环境遭到重创，造成环境恶化后果在不同收入群体间不均衡分担的后果。

---

① http：//www.tj.xinhuanet.com/2006－10/24/content_ 8328222_ 2.htm.

第三节 环境规制技术的就业效应

采用不同的环境规制技术对环境污染的治理效果有不同的影响，但除此之外，还应该考虑环境规制技术的选择对民生的影响，如果环境规制技术对民生影响过大，且负面影响主要由弱势群体承担，那么这种规制技术就不合理、不公平，即使其能产生良好的环境影响。落后国家（地区）为了治理本地环境污染负担，选用不同环境规制技术时，不仅应该考虑该项技术的环境治理效果，还应该考虑该项技术的就业效应，如果一项技术的采用能使治污效果明显，能相对缩小国家间、地区间的环境负担差距，缩小地区间环境不公平，但假使该项技术带来负面的社会效应，如对就业产生削弱的影响，则对这项环境规制技术的选用应该慎重，因为即使暂时降低了国家间、地区间的环境负担不公平，还会产生新的不公平，不能只关注环境公平而忽视了其他社会公平，不仅落后国家（地区）在污染技术的选择过程中需考虑就业效应，同时这对发达国家（地区）选择治污技术也是一种启示。

环境污染治理技术有两类：一类是末端治理（end-of-pipe treatment）；另一类是清洁生产（clearer production）。本节主要讨论这两类环境污染治理技术对就业的影响，利用中国地区层面 2003～2010 年的样本数据，实证检验了末端治理和清洁生产对就业的影响。某种环境治理技术一旦对就业产生正面推动或负面影响，那么社会各个阶层承受这种影响的程度就会不同。

一、研究思路的提出

雷宁斯（Rennings，2001）将环境创新定义为：环境创新包括新的或在原来基础上改变的生产过程、技术、实践，使生产过程以及生产出来的产品避免或者减少对环境的破坏，这些环境创新也许是出于常规的企业目标如降低成本或者提高生产效率。环境创新或者生态创新分为清洁生产和末端治理。末端治理是指在生产过程末端，针对产生的污染物开发并实施有效的治理技术指污染控制技术，防止直接释放有害物质到空气、水、土壤等，从而达到减少污染保护环境的目的。清洁生产是指将综合预防的环境保护策略持续应用于生产过程和产品中，集合产品和工艺的变化，以期减少对人类和环境的风险，同时充分满足人类需要，使社会经济效益最大化的生产模式，实质是一种物料和能耗最少的人类生产活动的规划和管理，将废物减量化、资源化和无害化，或消灭于生产过程中。"十一五"期间，主要污染物排放总量出现下降趋势，和 2009 年相比，2010 年工业二氧化硫排放量下降 1.36%，化学需氧量排放量下降 3.16%，这与环境污染防治的两大手段——末端治理和清洁生产密不可分。在 2009 年哥本哈根气候会议上，中国承诺到 2020 年单位 GDP 碳排放比 2005 年下降 40%~45%，完成这样严峻的任务势必要加强末端治理和清洁生产两大污染防治手段的力度。但污染防治手段在取得较明显的生态环境效应的同时，污染防治手段的社会效应如何？如清洁生产和末端治理对中国的就业产生怎样的影响？这是本小节关注的核心问题。

雷宁斯和兹维克（Rennings and Zwick，2002）分析了企业环境创新对就业的影响，根据电话采访的欧洲 5 个国家中已参与环境创新的 1500 多家企业的调查数据发现，从末端治理到清洁生产的进一步转化，特别是产品和服务的创新，有利于环境的改善和创造就业机会。法伊弗和雷宁斯（Pfeiffer and Rennings，2001）研究了技术进步（从末端治理转向清洁生产）对就业的影响，通过对德国企业的电话调查数据得出结论：从末端治理到清洁生产的转变创造了就业，尤其是对高技能的劳动力而言就业增加比较明显，生态创新对高技能劳动力的需求增加而对低技能劳动力需求减少。盖茨纳（Getzner，2002）通过调查 5 个欧洲国家的企业得出结论：清洁技术对就业数量的影响为正，不过微弱，更多的是对就业质量的影响，如工作环境改善、工作时间灵活安排，不过清洁生产对就业的影响要看公司的规模以及清洁方案的动机等。霍尔巴赫（Horbach，2008）利用德国的工业企业微观数据得出结论：环境创新活动对就业的影响是显著为正的，创新会导致更好的竞争力，势必与产品需求增加和劳动力需求增加联系；但企业增加就业实现新产品的创新和生产，因此二者有内生性。国外的清洁生产多和产品创新联系起来，且不同学者关于创新对就业的影响研究结论不尽相同，但大部分研究结论是产品创新和过程创新对就业有正面的影响且创造新的就业机会。

国内关于清洁生产和末端治理的研究较为少见，高迎春、佟连军（2011）应用无残差完全分解模型，以吉林省为例分析了清洁生产和末端治理的环境绩效，得出结论：清洁生产的控污效果在数量上大于末端治理的减排效果。还有一些关于末端治理和清洁生产的现状、对策及趋势的研究，如汪利平、于秀玲（2010）；孙晓峰、李键（2010）；张育红（2006），以上文献都只关注了末端治理和清洁生产技术在污染防治方面的绩效、不足及趋势，均未考虑两大污染防治手段对就业带来的影响。

末端治理和清洁生产对就业的影响不尽相同，但末端治理通常被认为增加就业，因为这些治污技术在运营和监控过程中需要增加劳动力投入，进而创造部分就业机会，同时这些终端技术也可能将生产过程中产生的副产品（如残留物）转换为商品，从而增加企业的利润并增加相应的就业机会（陆旸，2011）。而清洁生产相对于原来的生产过程显然革新了技术，先进的技术往往需要较少的劳动力。以上是理论分析，现实中二者对就业影响是这样吗？2003 年 1 月 1 日，《中华人民共和国清洁生产促进法》开始执行，清洁生产相对末端治理而言污染治理更有成效，但其对就业有什么影响？笔者至今未看见相关的实证检验。

本小节内容和以往研究不同之处在于，国外学者得出包括末端治理和清洁生产的环境创新对就业有正向影响，作为发展中国家的中国，末端治理和清洁生产对就业也会有正面促进作用吗？国内学者以往研究只关注了末端治理和清洁生产的污染防治效果，尚未见这两种污染防治技术对就业的实证检验。

二、末端治理与清洁生产就业效应的实证分析

本节的实证研究主要讨论：末端治理和清洁生产这两类污染治理技术是否都对就业有正面影响，是否适用于不同发展阶段的国家及地区等问题。

（一）关于污染治理就业效应的实证模型

在现实经济活动中，很多经济变量之间的关系以动态形式存在。当期被解释变量的变化趋势不仅受当期各变量的影响，而且受到被解释变量滞后一期的影响，因此，采用系统 GMM 的估计方法进行估计，重点分析环境规制技术对就业人员数量的影响，将环境规制技术分为末端治理和清洁生产，此外还引入了一些控制变量，计量模型具体设定如下：

$$Empl_{it} = \alpha Empl_{it-1} + \beta_1 Mdzl_{it-1} + \beta_2 \ln K_{it} + \beta_3 ldscl_{it} +$$
$$\beta_4 gdp_{it} + \beta_5 wrqd_{it} + \beta_6 gybz_{it} + \nu_i + \mu_{it} \qquad (5.4)$$

$$Empl_{it} = \alpha Empl_{it-1} + \beta_1 Qjsc_{it-1} + \beta_2 \ln K_{it} + \beta_3 ldscl_{it} + \beta_4 gdp_{it} +$$
$$\beta_5 wrqd_{it} + \beta_6 gybz_{it} + \nu_i + \mu_{it} \qquad (5.5)$$

其中，α 衡量了上期就业人员数量对当期就业人员数量的影响，β 衡量了所有外生变量对当期就业人员数量的影响，ν_i 表示非观测的地区特定效应，μ_{it} 表示随机误差项。

被解释变量是就业人员数量（$empl$），用全部从业人员平均人数表示，核心解释变量是环境治污技术，具体分为末端治理和清洁生产，二者都是污染防治的重要手段，借鉴陈媛媛和李坤望（2010）的思路，用污染排放率即排放量与产生量的比值来表示末端治理技术，用污染产生率即单位产值所生产的污染量来表示清洁生产技术。在计算末端治理和清洁生产两个指标时用到的污染物是工业二氧化硫，稳健性检验时采用化学需氧量来计算末端治理和清洁生产。

为了使估计结果更加准确，加入以下控制变量。资本存量（K）用固定资产净值来衡量资本存量；劳动生产率（$ldscl$）采用各地区平减后规模

以上经济的工业总产值与从业人员比值表示。徐旭川（2008）运用 CES 生产函数说明了劳动生产率和就业两者之间存在复杂关系，从短期来看，劳动生产率对就业是负向影响，但从长期来看，劳动生产率对就业的影响为正。本节以中国为样本验证劳动生产率对就业产生的影响。经济规模（GDP）用平减后的 GDP 来衡量经济规模；国有化特征（gybz）用国有工业总产值除以规模以上工业总产值衡量，本指标主要考察所有制特征对就业的影响。产业结构（scgdp）用第三产业产值除以国内生产总值来衡量，第一、第二、第三产业带动就业的程度不同，在不同国家呈现的就业效应也不同。国际贸易效应分别用"外贸依存度"（进出口总额占 GDP 之比）和"外资依存度"（各省外商直接投资与全国外商直接投资占比）来衡量，有研究表明出口规模和出口开放度都会促进制造业劳动需求增长。

回归样本为 2003～2010 年 29 个省、自治区、直辖市的面板数据。外资依存度来自中经数据库，外贸依存度来自各省份相关年份的《中国统计年鉴》；末端治理和清洁生产的基础数据来自相关年份的《中国统计年鉴》的环境专题数据库；固定资产、就业人员平均数、劳动生产率、国有比重的数据来自相关年份的《中国工业经济统计年鉴》（2004 年除外），2004年的上述数据来自《2004 年中国经济普查年鉴》。各变量的基本统计信息见表 5－6。

表 5－6　　　　　　　　　　样本变量的基本统计信息

变量	观测值	均值	标准差	最小值	最大值
ljyry	232	5.115289	0.984158	2.640485	7.357556
lqjsclag	231	3.307248	0.94006	1.379995	5.344439
lmdzllag	231	0.568621	0.382369	0	1.752925
fdi	232	0.034483	0.045267	6.72E－06	0.20114
lgdzc	232	8.060984	0.823481	5.837584	9.97523
ldscl	232	47.67585	21.84779	13.36676	109.7122
lgdp	232	8.668421	0.89345	5.973927	10.54344
so2qd	232	309.3945	276.7936	15.6998	1539.176
gybz	232	0.460124	0.194206	0.107274	0.833691
scgdp	232	0.3913952	0.0740654	0.2861505	0.7553005

(二) 关于污染治理就业效应的实证结果及讨论

表 5 - 7 是关于污染治理就业效应实证的估计结果。模型 1 和模型 3 是基本回归，除了被解释变量的滞后一期外，分别只有末端治理和清洁生产两个解释变量，模型 2 和模型 4 加入了控制变量，四个模型的回归结果都表明滞后一期的就业人员和当期的就业人员系数显著正相关，这说明在全国范围内，就业人员数量具有连续性，是一个累积的调整过程。看与末端治理相关的模型 1 和模型 2 这两列回归结果，核心解释变量末端治理滞后一期的估计系数为正，且在 1% 的显著性水平下显著，这表明上一期的末端治理技术对当期的就业人员数量有正向的带动作用，目前在中国末端治理技术增加就业，虽然末端治理技术的环境治理效果不尽如人意，但其促进就业。模型 3 和模型 4 两列回归结果可以看出清洁生产滞后一期的系数为负，且在 1% 的显著性水平上显著，表明上一期的清洁生产技术对当期的就业有负向作用，这与现实相符，也与之前的理论分析相符，采用先进的生产技术会产生替代效应，挤出劳动力的需求。清洁生产的环境效应得到普遍认可从而该技术受到推崇，可是在中国，我们的实证检验结果是清洁生产不利于社会就业，因而即使治理环境负担的任务紧迫，也应该考虑环境治污技术的就业效应。

表 5 - 7   基本估计结果

变量	模型 1	模型 2	模型 3	模型 4
L. ljyry	1.002 *** (0.00138)	0.611 *** (0.0480)	1.006 *** (0.00602)	0.614 *** (0.0426)
lmdzllag	0.0235 *** (0.00702)	0.0697 *** (0.0126)		
lqjsclag			− 0.136 *** (0.00431)	− 0.0426 *** (0.0148)
fdi		0.505 *** (0.118)		0.367 *** (0.127)
lgdzc		0.109 *** (0.0368)		0.183 *** (0.0321)

续表

变量	模型 1	模型 2	模型 3	模型 4
jck		0.100 *** (0.0180)		0.115 *** (0.0229)
ldscl		−0.00481 *** (0.000603)		−0.00444 *** (0.000656)
*gybz*1		−0.213 ** (0.0860)		−0.140 (0.0932)
lgdp		0.274 *** (0.0325)		0.221 *** (0.0367)
scgdp		−0.756 *** (0.123)		−0.871 *** (0.176)
Constant	0.0381 *** (0.00924)	−0.696 *** (0.150)	0.478 *** (0.0199)	−0.680 *** (0.241)
Arellano-Bond test for AR（1）	−2.7879 (0.0053)	−2.1341 (0.0328)	−2.6527 (0.008)	−2.1133 (0.0346)
Arellano-Bond test for AR（2）	1.0265 (0.3047)	0.40758 (0.6836)	1.0562 (0.2909)	0.21928 (0.8264)
Sargan test	0.3730	0.4799	0.3384	0.4916
Observations	203	203	203	203

注：括号内为标准误，* 、** 、*** 分别表示在 10%、5%、1% 水平上显著，估计结果均由 stata 10 得出。

相关控制变量对就业的影响。经济规模的增加和资本存量的增加都会显著增加就业，这与前面的理论分析相符。根据我们的回归结果，国有比重越高，就业水平越低，可能的一个解释是，银行、电信、石化等关键领域的大型国有企业开始大量裁员导致的失业。外资依存度和外贸依存度都对就业产生显著正向影响，这与从 1998 年起包括港澳台在内的外资企业从业人员逐年递增的现实相符，外商直接投资在东道国的生产经营活动中直接或间接创造就业机会。第三产业与 GDP 的比重对就业的影响为负，这与我们的理论预期相反，这与中国第三产业发展薄弱，带动就业有限，更多吸纳就业的部门还是与制造业等第二产业有关。

表 5 – 8 为稳健性检验，采用化学需氧量计算末端治理和清洁生产来替代用二氧化硫计算这两个指标。从表 5 – 8 的前两列回归结果可以看出，末端治理对就业有正向促进作用，这和之前的回归结果完全吻合，对不加控

制变量时不显著的末端治理的回归系数忽略。第三列和第四列的回归结果
显示，清洁生产的回归系数显著为负，与前面的回归结果吻合。利用2003～
2010年29个省、自治区、直辖市的面板数据得出结论：末端治理技术增
加就业，清洁生产技术减少就业这个结论是相对稳健的。其他控制变量的
符号和显著性基本同表5－7。

表5－8   稳健性检验

变量	模型1	模型2	模型3	模型4
L. *ljyry*	1. 004 *** (0. 000917)	0. 554 *** (0. 0466)	1. 030 *** (0. 00243)	0. 601 *** (0. 0438)
lcodmdzllag	− 0. 00272 (0. 00369)	0. 0620 *** (0. 0131)		
lcodqjsclag			− 0. 0620 *** (0. 00349)	− 0. 0383 *** (0. 0132)
fdi		0. 496 *** (0. 154)		0. 410 *** (0. 104)
lgdzc		0. 134 *** (0. 0351)		0. 153 *** (0. 0340)
jck		0. 0868 *** (0. 0218)		0. 115 *** (0. 0218)
ldscl		− 0. 00491 *** (0. 000690)		− 0. 00424 *** (0. 000570)
*gybz*1		− 0. 223 *** (0. 0825)		− 0. 198 *** (0. 0736)
lgdp		0. 304 *** (0. 0399)		0. 263 *** (0. 0393)
scgdp		− 0. 738 *** (0. 154)		− 0. 723 *** (0. 169)
Constant	0. 0416 *** (0. 00411)	− 0. 860 *** (0. 235)	− 0. 435 *** (0. 0316)	− 1. 137 *** (0. 272)
Arellano-Bond test for AR（1）	− 2. 8194 (0. 0048)	− 1. 9511 (0. 0510)	− 2. 8006 (0. 0051)	− 2. 1906 (0. 0285)
Arellano-Bond test for AR（2）	1. 072 (0. 2837)	− 0. 39495 (0. 6929)	0. 92495 (0. 3550)	− 0. 27981 (0. 7796)
Sargan test	0. 2837	0. 4165	0. 3307	0. 4560
Observations	203	203	203	203

注：括号内为标准误，＊、＊＊、＊＊＊分别表示在10%、5%、1%水平上显著，估计结果均由
stata 10 得出。

三、结论分析

创造就业机会和污染治理是中国急需解决的两大问题，虽然相比经济发展水平较高的国家，中国较多地承受了环境污染负担，但在治理本国污染负担时选用的环境治污技术不仅要看这项技术的环境治理效果，还应考察该项技术的就业效应，因而本节分析了中国污染治理技术和就业创造的兼容问题，通过采用 2003～2010 年地区层面的数据，利用系统 GMM 方法得出结论：末端治理有利于就业创造，清洁生产对就业有削弱作用。该结论值得深思，清洁生产技术对于包括中国在内的世界各国而言均是主要的污染治理技术，如果一项技术只能产生良好的环境效应，而造成社会大量的失业，那么这项政策的适用性就值得考虑。本书没有模拟估计清洁生产对就业产生了多大的挤出效应，但是清洁生产这项技术的推广也不能因噎废食，如果不能很好地进行污染防治，那么经济增长就会受到更大的制约，对就业的挤出效应将会更大，现阶段清洁生产对就业的挤出现象，随着中国产业结构的转变，经济增长方式的转变，将会扭转。由于清洁生产造成的失业应该从其他层面进行弥补，比如提高劳动力的素质，一定程度上缓解结构性失业；大力发展中国有优势的劳动密集型产业等。企业采用不同的环境规制技术，对就业产生不同的影响，承受就业影响首当其冲的是低收入的一线工人阶层。所以，无论要求企业采取什么样的环境规制技术，政府规制部门都应对企业、员工进行适当的利益调节和利益补偿，从而使环境规制影响均衡化。

值得注意的是，清洁生产是以后环境规制技术的首选，虽然现在我们的检验结果显示该技术不利于就业，但是该技术对就业的影响最终是受到国家宏观经济政策的影响，环境规制和就业是不存在一一对应关系的。中国的产业结构与发达国家有很大差别，中国长期以来经济发展依赖于高耗能高污染行业，而发达国家产业结构则以第三产业为主，我们相信随着中国环境规制的推进和深入，环保产业的大规模发展，将会产生正面的拉动就业的作用。

同样的分析适用于分析中国地区间环境治理问题。西部落后地区较多地承担了环境负担，但西部地区在选择治理本地污染负担的治污技术时，不能只简单地考虑治污技术的环境效应，还应该考虑治污技术的就业效应，因为企业采取不同的治污技术，对就业的影响不同，一旦削弱就业，则一线工人首当其冲，会造成新的环境不公平，尤其是不同群体间的环境不公平。在对环境公平问题进行讨论时，不得不对"环境保护与保障民生权衡"进行讨论，即讨论各个群体承受环境保护政策影响的公平问题。公平的原则是：不应让低收入的弱势群体（低端就业者）来承担主要责任；如果存在由低端就业者承担责任的情形，则应由全社会给予足额补偿。环境公平的政策制定则应讨论：（1）民生影响最小化条件下的环境治理途径选择；（2）各主体之间环境治理责任与环境治理影响的对等；（3）环境治理与民生政策选择，要考虑长期效果与短期效益的权衡。

第四节　本章结论

本章主要研究了环境规制与区际间环境不公平的相关问题，分析了相对发展水平较高的发达国家（地区），经济发展水平较低的落后国家（地区）过多地承担了环境负担，落后国家（地区）在治理本地环境污染时加强环境规制水平（如提高单位污染的治理投资）及颁布的环境规制政策或促进区际间环境公平或产生新的包括环境不公平在内的新的社会公平，以及在治污技术的选择上，有可能产生新的不公平，不能只考虑环境效果。

具体来说，本章第一节以各省份的面板数据为样本研究了环境规制与区际间环境不公平的关系，得出结论：在全国样本以及三大区域分样本下，包括正式规制和非正式规制的环境规制水平越高，区际间环境公平程度越高。第二节研究了包括标准控制、环境费（税）、排污权交易在内的环境规制政策引发的新的不公平，以及政府非意图性政策引发的环境不公平。第三节研究了包括末端治理和清洁生产在内的环境治污技术的就业效应，发现末端治理技术有助于拉动就业，而清洁生产技术会损害就业，因而企业在选择治污技术时，不仅应该考虑该政策的环境治理效果，还应该考虑该政策的社会分配效应。虽然已有研究表明清洁生产的治污效果优于末端治理，但承受较多环境污染的落后地区在选择治污技术时，如果一味追求治污效果，减少当地环境污染负担，短时间内可以达到缩小地区间环境负担差距的效果，但会引发新的社会不公平，因为损害就业的成本最终由一线工人首先承担。

第六章

区际间环境责任分担

本章构建了一个旨在说明环境规制与就业关系的非线性面板门限模型，利用 2003～2010 年的省际面板数据验证了当以产业结构和环境规制作为门限变量时，环境规制对就业影响的差异。

第一节　研究思路

本书分别从理论上和实证上分析了发展差距是区际间环境不公平的根本原因，在资源稀缺和生态承载力一定的前提下，缩小发展差距使落后地区有更多利用自然资源的机会及污染排放机会。落后地区经济发展水平的提高使相应的话语权有了保证，在和地方政府谈判及执行中央政府决策时能更好地争取属于本地区的权利，也使发达地区履行相应的环境保护责任有了客观的压力。要从根本上解决环境不公平这个问题就应该缩小地区间发展差距，但是地区间发展差距是基于各地历史、文化、政治以及自然条件等多方面原因导致的，短时间内较难实现发展差距的缩小，因此缩小发展差距可以作为一个长期的目标来奋斗，现阶段应该在缩小地区间发展差距的长期目标指引下坚定执行发达地区承担好自己应该承担的责任，那么落实到具体操作方面，究竟用什么标准来衡量发达地区比较客观呢？发达地区中的哪些省份更应该义不容辞地承担应有的环境保护责任呢？且承担环境保护责任的发达地区是不是一成不变的呢？这正是本章要研究的主要内容，将环境保护和民生保障结合起来，为发达地区承担环境责任提供一个依据。

综合世界银行、中科院和环保总局的测算，我国每年因环境污染造成的损失约占 GDP 的 10% 左右，近年来，群众的环境投诉和因环境问题引发的群体性事件以每年 30% 的速度上升。放眼世界，中国是个负责任的大国，在国际气候谈判上尽最大努力承诺减排，2009 年哥本哈根气候大会上中国承诺到 2020 年中国单位国内生产总值二氧化碳排放比 2005 年下降 40%～45%。内外双重压力让污染治理成为中国必须且极为迫切的一项任务，但是由于环境污染具有很强的外部性，市场机制在解决环境污染时暴露出来的问题必须由政府弥补，因此环境规制显得极为必要。但是在讨论环境规制的政策效应的同时，学者以及政府更多关注的是环境规制的环境效应，很少有人关注环境规制的社会效应，如环境规制或改变企业的成本函数，或要求采用新的生产方式，采用新的技术，对就业是否会产生影响呢，如果产生正面推动就业的作用，是什么机制引发这种正向推动作用？如果产生负面的影响，如何在环境规制的环境效应和社会效应之间权衡呢？抑或是环境规制对就业的影响不确定，依赖于第三个变量或环境规制本身的累积程度？这正是本书要解决的问题。而且在中国，不同地区由于经济发展水平差异巨大，对资源能源的消耗程度及对环境造成的破坏程度也不相同，因而不同地区理应承担的环境保护责任也不尽相同，本书通过分析环境规制对就业的影响一定程度上可以为发达地区提高治理本地环境污染治理投资提供依据。

环境规制对就业的影响在现有的理论研究上是不确定的。一方面，规模效应使就业减少，具体而言，环境保护增加企业的生产成本以及污染处理成本，减少企业的净收益，进而减弱企业的竞争力，企业的生产规模缩小，对劳动力的需求减少；另一方面，替代效应增加了企业提供的就业机会，因为治理污染同样需要劳动力，特别是随着环境保护越来越受到政府、社会和企业的关注，环保产业将成为一个"就业创造"的主要行业（Bezdek et al.，2008）。

　　环境规制与就业之间究竟是什么关系，在不同国家、不同地区、不同行业应该呈现出不同的关系。关于环境规制与就业之间是否存在权衡关系的研究始于发达国家。1990年，美国商业圆桌会议发布了一个研究报告，几年后通过的《预测清洁空气法案》的修正案会对就业产生影响，其结论认为毫无疑问至少20万以上的就业将会随着十几个州的工厂关闭迅速消失，减少的就业岗位很容易超过100万个，甚至达到200万个。由于考虑到大范围的工作损失，该法案授权每年花费5000万美元培训被替代的工人（Goodstein，1996）。但随后大量的研究机构开始评估发达国家环境法规对就业的影响，基于此方面的研究，经济学家达成了三点共识：一是在经济层面，根本没有环境保护和就业的权衡；二是由于环保法规的数量导致工人下岗的数量很少；三是少数企业搬迁到贫穷国家主要是利用其宽松的环境法规的优势（Goodstein，1996）。经济学界的研究有一个共识即发达国家在经济层面根本不存在就业机会和环境之间的权衡，泰坦伯格（Tietenberg，1992）在顶尖的环境经济学教科书中用案例佐证了这个观点。

　　大量实证研究表明，环境规制对就业的负向影响微不足道，反而最终会创造就业。正如古德斯坦（Goodstein，1996）的研究表明，失业率最重要是受到宏观经济的影响，截至1995年，失业率没有受到环境法规的影响。贝兹德克（Bezdek，2008）实证检验表明，与传统的研究相反，严格的环境规制并没有减弱美国的工业国际竞争力，也没有牺牲成千上万的就业岗位，反而发现严格的环境规制会加速经济增长。摩根士坦利等（Morgenstern et al.，1999）选取造纸、塑料、汽油冶炼、钢铁四个污染严重的行业进行研究，结论表明日益增长的环境规制方面的花费没有造成失业。博芬伯格和范德普罗格（Bovenberg and van der Ploeg，1997）、施耐德（Schneider，1997）的研究发现，污染税的设立不仅提高了环境质量同时还减轻了失业，人们普遍担心的环境保护会导致失业的论断不成立，真正的由于环境规制而导致失业的规模是很小的。环境保护提升了就业水平，并在一定程度上有效刺激了经济需求，政府数据揭示了很少有制造业工厂关闭是因为环境的或安全的规制。征收二氧化碳排放税到2014年，会使就业相对2009年增加0.5%，这相当于在全世界新创造了14300万个岗位（ILO，2009）。

以上都是以发达国家为背景展开的研究，国内关于此命题的研究较为少见。陆旸（2011）利用 VAR 模型以中国 43 个行业为样本估计了开征碳税后可能对就业产生的冲击，结论表明，中国与发达国家不同，难以在短期内获得环境保护和就业的"双重红利"，征收 10 元/吨的碳税对未来五年内中国就业增长率的影响十分有限。陈媛媛（2011）利用中国 2001～2007 年 25 个工业行业的面板数据证实了环境规制加强会促进就业增加，而且环境规制对污染密集型的重化工行业带来的就业增加更大。

综上所述，我们发现已有的关于环境保护和就业之间关系的研究大都以发达国家为样本进行研究，关于环境规制的衡量大都是环境法规、环境保护支出或碳税，而国内学者关于此命题的研究尚不多见，都是以行业层面的数据为样本展开，得出的结论也不太一致，最为关键的是已有研究得出的结论都是环境规制与就业之间是线性关系，要么正向影响要么负向影响，本书认为环境规制对就业的影响很难用简单的线性关系来刻画，随着环境污染治理投资的累积增加，环境规制对就业的影响并不是固定不变，而且环境规制通过影响产业结构，降低第二产业的比例，提高第三产业的比例，进而影响就业机会的创造。

第二节　门限模型的设定

现实生活中很多变量之间不仅呈现简单的线性关系，还会呈现非线性关系，门限模型可以很好地刻画变量之间的非线性关系，本节内容包括门限方法的介绍、门限模型的设定及实证分析。

一、方法介绍

本节采用门限回归模型进行实证研究，该方法的本质是寻找某变量可能发生跃升的临界点，具体分析方法是选定某一观测值作为门限变量，按搜索到的门限值数量将回归模型区分为两个或两个以上的区间，每一个区间用不同的回归方程式表达，分别回归后比较回归系数的不同。本书借鉴汉森（Hansen，1999）门限模型的思路，该方法以"残差平方和最小化"为原则确定门限值，同时检验门限值的显著性，进而保证了门限值的可靠性，不同以往 chow 检验主观设定结构突变点等方法容易出现主观偏误。

以单门限模型为例，模型设定如下：

$$y_{it} = \mu_i + \beta'_1 x_{it} I(q_{it} \leq \gamma) + \beta'_2 x_{it} I(q_{it} > \gamma) + \varepsilon_{it} \qquad (6.1)$$

其中，i 代表地区；t 代表时间；I（·）代表指示性函数；γ 是门限值；q_{it} 为门限变量；$\varepsilon_{it} \sim iid$、$\mu_i$ 为观测的个体特征。

矩阵表达式为：

$$y_{it} = \mu_i + \beta' x_{it}(\lambda) + \varepsilon_{it} \qquad (6.2)$$

为了消除个体效应 μ_i 的影响，先对式（6.2）组内平均，再用式（6.2）减去各自组内平均，得到相应的矩阵表达式：

$$Y^* = \beta' X^*(\gamma) + e^* \qquad (6.3)$$

其残差平方和（RSS）为：

$$S_1(\gamma) = \hat{e}^*(\gamma)' \hat{e}^*(\gamma) = Y^{*\prime}[I - X^*(\gamma)]'[X^*(\gamma)' X^*(\gamma)]^{-1} X^*(\gamma)' Y^*$$
$$(6.4)$$

接下来寻找门限最优估计值 $\hat{\gamma}$，使 $S_1(\gamma)$ 最小，即 $\hat{\gamma} = \arg\min_{\gamma} S_1(\gamma)$，再进行门限检验，包括两个方面：第一，检验门限效应是否显著，通常构造 F 统计量 $F_1 = [S_0 - S_1(\hat{\tau})]/\hat{\tau}^2$，以单门限回归模型为例，原假设是没有门限效应，备择假设是有一个门限值，应用汉森的 Bootstrap 方法获得其渐进分布，进而得到 P 值，当 P 值足够小时，则拒绝没有门限效应的原假设，得出模型至少存在一个门限效应，然后用同样的方法检验是否存在第二个门限，以此类推，直到得到的门限不具有显著性为止。第二，检验门限估计值是否等于真实值。它的原假设是 $\tau = \hat{\tau}$，相应的似然比函数为：

$$LR(\tau) = [S_1(\tau) - S_1(\hat{\tau})]/\hat{\tau}^2 \qquad (6.5)$$

以上分析只是以存在一个门限的回归模型为例，但从计量的角度来看，会出现多个门限，多门限模型设定类似双门限模型设定，下面列出双门限的模型设定形式：

$$y_{it} = \mu_i + \beta'_1 x_{it} I(q_{it} \leqslant \gamma_1) + \beta'_2 x_{it} I(q_{it} < \gamma_2) + \beta'_3 x_{it} I(q_{it} > \gamma_2) + \varepsilon_{it}$$

$$(6.6)$$

二、模型设定与变量说明

由于目前尚未确定门限的个数，因此，本书以双门限回归模型为例构建多门限模型，通过实证检验确定门限的个数。

本书分别以产业结构和环境规制为门限变量，构建环境规制与就业的门限回归模型为：

$$ljyry_{it} = \alpha + \beta_1 lfszl_{it}(scgdp_{it} < \gamma_1) + \beta_2 lfszl_{it}(scgdp_{it} < \gamma_2) + \beta_3 lfszl_{it}(scgdp_{it} > \gamma_2) +$$
$$\theta_1 fdi_{it} + \theta_2 jck_{it} + \theta_3 ldscl_{it} + \theta_4 lgdzc_{it} + \theta_5 lrjgdp + \mu_i + \varepsilon_{it} \qquad (6.7)$$

$$ljyry_{it} = \alpha + \beta_1 lfszl_{it}(lfszl_{it} < \gamma_1) + \beta_2 lfszl_{it}(lfszl_{it} < \gamma_2) + \beta_3 lfszl_{it}(lfszl_{it} > \gamma_2) +$$
$$\theta_1 fdi_{it} + \theta_2 jck_{it} + \theta_3 ldscl_{it} + \theta_4 lgdzc_{it} + \theta_5 lrjgdp + \mu_i + \varepsilon_{it} \qquad (6.8)$$

其中，i 和 t 分别表示地区和年份；$jyry$ 是就业人员，$fszl$ 表示废水治理投资，$scgdp$ 代表第三产业占 GDP 的比值，fdi 和 jck 分别从外资依存度和外贸依存度的角度来考察对外开放对就业的影响。核心解释变量及控制变量的含义见下文的变量说明。

被解释变量是就业人员（$jyry$）用全部从业人员平均人数来衡量。

核心解释变量是环境规制（$lfszl$），目前没有直接度量环境规制的指标（Cole et al.，2008），戴利和格雷（Deliy and Gray，1991）采用厂商是否受到稽查作为环境规制的指标。国内学者傅京燕（2009）用地区污染投诉率、失业率代表正式规制，用收入、人口密度、人口因素代替非正式规制。傅京燕（2010）采用综合指数法构建了环境规制强度，选取了废水排放达标率、二氧化硫去除率、工业烟尘去除率、工业粉尘去除率、工业固体废物综合利用率等五个单项指标衡量环境规制。陈媛媛（2011）采取人均 GDP、环保相关的行政处罚案件和污染治理项目本年完成投资来表示环境规制。格雷（Gray，1987）及张成（2011）用污染治理投资占企业总成本或产值的比重来衡量。出于本书的研究目的以及数据的可得性，本书采用"工业废水污染治理投资与工业废水排放量之比"来衡量环境规制，仅考虑污染治理投资绝对量不客观，必须与本地区的废水排放量做一个对照才能真实地反应相对于本地区废水排放量而言投入的治理投资。

资本存量（$lgdzc$）：采用固定资产净值来衡量资本存量。已有文献运用结构向量自回归方法研究投资冲击对就业的动态影响，结论表明投资不仅促进物质生产资本的积累，而且也会拉动就业（张成等，2011）。

劳动生产率（$ldscl$）：采用各地区平减后规模以上经济的工业总产值占从业人员比值表示。有研究表明，在技术革新的过程中，劳动生产率和就业之间会出现阶段性的替代的关系（Beaudry et al.，2003）。劳动生产率对就业的影响在理论分析上并不确定，因为提高劳动生产率一方面可以增加企业利润，使企业对劳动力的需求增加；另一方面，劳动生产效率提高，需要较少的劳动力就会完成生产任务。

经济发展水平（GDP）：本书用平减后的 GDP 来衡量经济发展水平，显然 GDP 越高，经济规模越大，能吸收的就业越多。

产业结构（第三产业占 GDP 的比重，$scgdp$）用第三产业产值占国内生产总值比重来衡量，第一、第二、第三产业带动就业的程度不同，在不同国家呈现的就业效应也不同。产业结构调整和升级对就业存在替代效应和收入效应。产业结构调整和升级淘汰了大量产能，从而短时期内导致就业规模减小，从长期看，由于新技术应用，传统产业实现改造升级，新兴产业规模不断扩大，从而创造了大量新的工作岗位。因此，产业升级对就业影响很可能存在"门槛"效应，当替代效应大于收入效应时，总的就业数量就会减少，当收入效应大于替代效益时，总的就业量就会增加。从实证研究文献看，随着中国第三产业规模逐渐扩大，其对就业拉动效应逐渐显现，张车伟、蔡昉（2002）分别计算了三大产业的平均就业弹性，第一产业为 0.06，第二产业为 0.34，第三产业为 0.57，说明第一产业对就业的拉动作用最小，第三产业对就业的拉动作用最大，且有很大的潜力。本书将国际贸易效应分别用外贸依存度（进出口总额占 GDP 之比，jck）和外资依存度（各省外商直接投资与全国外商直接投资之比，fdi）来衡量。有研究表明出口规模和出口开放度都会促进制造业劳动需求增长，特别是促进劳动密集型制造业的就业（毛日昇，2009）。表 6 - 1 是各变量的统计描述。

表 6 -1 变量的统计描述

变量名称	观测值	均值	标准差	最小值	最大值
ljyry	232	5.115289	0.984158	2.640485	7.357556
jck	232	0.351671	0.4413	0.037055	1.680503
ldscl	232	47.67585	21.84779	13.366760	109.7122
lgdzc	232	8.060984	0.823481	5.837584	9.97523
fdi	232	0.034483	0.045267	6.72E − 06	0.20114
lgdp	232	8.668421	0.89345	5.973927	10.54344
scgdp	232	0.391395	0.074065	0.286151	0.755301
fszl	232	0.330894	0.344345	0.02085	2.593119

样本选择 2003～2010 年 29 个省份的面板数据。外资依存度来自中经数据库；外贸依存度来自相关年份《中国统计年鉴》；固定资产、就业人员平均数、劳动生产率数据来自相关年份《中国工业经济统计年鉴》（2004 年除外），2004 年的上述数据来自《2004 年中国经济普查年鉴》。

三、实证检验结果与分析

本书关于环境规制对就业的门限回归效应的实证检验分为两部分：一部分是以环境规制作为门限变量进行的回归；另一部分是以产业结构作为门限变量进行的回归。

（一）以环境规制作为门限变量的分析

环境规制对就业的影响本身具有特殊性，当环境规制本身达到更高水平时，环境规制对就业的影响在原有程度之上会增加或者改变符号，环境规制往往需要形成积累，才能对就业起足够大的影响。来看具体的实证结果，表 6 -2 列出了门限效应检验，原假设为没有门限、单个门限、双门限以及三门限的实证检验。通过观察单门限检验中的 *P* 值以及相应的在

10%、5%、1%显著性水平下对应的临界值，得出在单门限检验中P值很小，说明在1%显著性水平下拒绝了没有门限的假设。进而采用相似的方法观察双门限检验，发现拒绝只有一个门限的假设。而在三门限检验中，P值为0.1033，应当接受原假设，综合三次检验，判断模型有显著的两个门限。表6-3给出了在双门限模型中估计的门限值，括号内是相应的95%的置信区间。

表6-2　　　　　　　　门限效应检验：环境规制（废水治理投资）

单门限检验	F1	3.1373
	P值	0.0667
	10%、5%、1%临界值	2.6125，3.7431，5.2872
双门限检验	F2	5.4494
	P值	0.0367
	10%、5%、1%临界值	2.4623，4.1497，8.6154
三门限检验	F3	2.6022
	P值	0.1033
	10%、5%、1%临界值	2.6257，3.8019，5.7942

表6-3　　　　　　　　　　门限估计值

门限	估计值	95%置信区间
$\hat{\tau}$	-0.6571	（-2.7223　-0.1184）
	-0.2979	（-2.7223　-0.1184）

表6-4列出了环境规制对就业的双门限回归结果和线性回归个体固定效应结果的对比。重点关注门限变量在不同区间回归系数符号的变化，当废水投资强度取对数的值大于-0.2979时，废水治理投资强度对就业的影响为负，但不显著，当废水治理投资强度介于-0.6571和-0.2979之间时，环境规制对就业的影响在1%显著性水平下为负，当废水治理投资强度小于-0.6571时，环境规制对就业的影响在10%显著性水平下为正，这与现实是相符的，也验证了中国目前不存在环境保护和就业的"双重红利"，这与陆旸（2011）的研究结论相同，中国与发达国家的经验事实不同，中国目前还未获得就业和环境保护的"双重红利"。从回归结果可以

看出，在中国只有环境规制的强度小于一个低门限值时，环境规制对就业才有正向促进作用，一旦高于这个门限值但未达到另一个高门限值时，环境规制会损害就业，当环境规制大于两个门限值中较大的那个门限值时，环境规制对就业的作用就不再重要。

表 6-4　　　　　　　　环境规制对就业双门限回归估计结果

解释变量		线性回归个体固定效应模型	非线性双门限模型
fdi		− 0.3276(0.3269)	− 0.3116(0.3222)
jck		− 0.0303(0.0610)	− 0.0026(0.0614)
ldscl		− 0.0049 *** (0.0009)	− 0.0050 *** (0.0009)
lgdzc		0.4233 *** (0.0564)	0.4474 *** (0.0564)
lgdp		0.1915 *** (0.0767)	0.1705 *** (0.0760)
scgdp		− 1.0021 *** (0.2038)	− 0.9620 *** (0.2014)
lfszl（非门限变量）		− 0.0067(0.0097)	
lfszl（门限变量）	区间 1		0.0803 * (0.0482)
	区间 2		− 0.1197 *** (0.0456)
	区间 3		− 0.0126(0.0099)

注：括号内为标准误，*、*** 分别代表 10%、1% 的显著性水平。P 值和临界值均采用 Bootstrap 反复抽样 300 次得到的结果。

（二）以产业结构作为门限变量的分析

通过对环境规制的门限效应进行进一步分析发现，大部分省份的环境规制的值取对数均小于 − 0.6571，为了保证就业只能选择低水平的环境规制吗？答案是否定的，我们找到了第三个变量，为我们展示了不同地区的产业结构不同，则环境规制对就业的影响方向不同。

在既定的经济总量下，产业结构是决定就业规模的重要参数，不同的产业结构能吸纳的就业人数有较大的差异（夏杰长，2000）。经济和社会的发展经验表明，第三产业对吸纳就业有着巨大潜力，于是可以推测，当第三产业占 GDP 的比值高于某个值后，第三产业吸纳就业的作用以及环境规制对就业的影响才能体现出来，这一推测究竟是否成立？首先来看门限效应的检验，表 6-5 列出了门限效应的检验结果。

表 6 – 5   门限效应检验：产业结构

单门限检验	F1	11.2458
	P 值	0.006
	10%、5%、1%临界值	2.8360, 4.1471, 7.8382
双门限检验	F2	7.2930
	P 值	0.007
	10%、5%、1%临界值	2.8677, 3.7474, 6.0036
三门限检验	F3	1.8035
	P 值	0.1633
	10%、5%、1%临界值	2.8072, 3.7804, 6.7075

同理，为了确定环境规制对就业是否存在非线性影响，我们进行了原假设为没有门限、单个门限、双门限以及三门限的实证检验，表 6 – 5 列出了在各假设检验中 P 值以及相应的在 10%、5%、1% 显著性水平下对应的临界值，可以知道模型有显著的两个门限，判断方法同前。表 6 – 6 给出了在双门限模型中估计的门限值。

表 6 – 6   门限估计值

门限	估计值	95%置信区间
$\hat{\tau}$	0.3446	(0.3317, 0.3640)
	0.3833	(0.3188, 0.5099)

表 6 – 7 列出了环境规制对就业影响的线性回归（个体固定效应）结果和非线性双门限结果。我们考察的重点在于环境规制对就业的影响的门限效应，由双门限的回归结果可以发现，当第三产业占 GDP 的比重达到 0.3446 之前，环境规制对就业在 1% 显著性水平下有显著的负面影响，当第三产业占 GDP 的比重在 0.3446 ~ 0.3833，环境规制对就业的影响为负，但不显著，当第三产业占 GDP 的比重大于 0.3833，环境规制对就业的影响在 10% 显著性水平下为正，这与现实相符，因为第三产业吸纳就业的潜力最大，这一实证结果表明在考虑环境保护和民生之间的关系时，不能单纯从环境保护政策找原因，重要的是调整产业结构，大力发展第三产业，吸纳劳动力。

表6-7 环境规制对就业双门限回归估计结果

解释变量		线性回归个体固定效应模型	非线性双门限模型
fdi		-0.1286(0.2991)	-0.0178(0.3237)
jck		-0.0018(0.0652)	-0.0269(0.0501)
ldscl		-0.0043***(0.0008)	-0.0039***(0.0009)
lgdzc		0.5427***(0.0387)	0.51578***(0.0445)
lrjgdp		-0.0101(0.0107)	-0.0132(0.0094)
lfszl(非门限变量)		0.006(0.01)	
scgdp (门限变量)	区间1		-0.0424***(0.0144)
	区间2		-0.0036(0.0108)
	区间3		0.0192*(0.0106)

注：括号内为标准误，*、***分别代表10%、1%的显著性水平。P值和临界值均采用Bootstrap反复抽样300次得到的结果。

进一步分析，在29个省（区、市）中，只有北京、天津、广东、福建、浙江、上海几个地区第三产业占GDP的比值超过0.3833，根据我们的计量结果，当第三产业占GDP比重超过0.3833时，环境规制对就业是有正的促进作用的，这个结论暗含了两点：一是这几个发达地区的第三产业占GDP比重较高使得环境规制对就业形成正向促进作用，其他地区也应该加大第三产业占GDP的比重，这不仅有利于产业结构升级和优化，还有利于就业的增加。二是这几个发达地区应该进一步加大环境污染治理投资，使本地区环境质量得到提升，环境污染总量减少，则转移出境的环境污染总量也相对减少，而且发达地区在治理本地环境污染时，会对本地就业产生促进作用，这样会减弱发达地区污染外移的动机，不仅如此，发达地区还应该帮助落后地区治理环境污染，发达地区对环境破坏负有主要责任，不管从道义上还是出于自身利益的考虑发达地区都应该加大污染治理投资，对落后地区的污染治理投资援助可以通过专门的资金援助渠道，一定程度上缓解落后地区污染治理投资不足的现状。

▮第三节 本章结论

本章将环境保护和民生保障结合在一起,采用门限回归模型研究了环境规制对就业的影响,发现环境规制对就业的影响并不是非正即负的关系,以产业结构为门限变量,当产业结构大于高门限值时,环境规制对就业的影响显著为正,而几个发达地区的产业结构恰好大于该门限值,因此对这几个发达地区而言,环境规制程度越高越有利于就业。本书的结论有较强的现实意义,其政策启示如下:(1)加大产业结构的调整力度,处理好三大产业之间的关系。现阶段,中国的产业结构还很不合理,主要表现为第二产业所占比重过大,第二、第三产业产值增长都会拉动就业,但第三产业对就业的拉动效应更大,因此要大力发展第三产业(杜传忠,2010)。产业结构调整不但可以有效减轻环境污染,降低环境规制压力,同时也可增加就业机会。(2)加大发达地区的环境污染治理投资,在治理好本地区环境污染的前提下通过资金援助等方式帮助落后地区治理环境污染。发达地区将污染向外转移,不愿在本地处理污染的一个顾虑就是污染治理会削弱就业,本章内容证明了发达地区加大本地污染治理投资,有助于促进本地就业,这样打消了发达地区加强污染治理投资水平的顾虑。对发达地区而言,加强本地污染治理投资水平,进一步减少本地污染总量进而减少向外转移的污染量,在治理好本地环境污染的同时,应帮助落后地区治理环境污染,这也是发达地区对西部地区为其源源不断输送资源、能源的一个补偿,有利于地区间环境责任公平分担,同时这也是增加本地就业的一个途径。

第七章

结论和未来研究

    本书在总结既有研究文献的基础上，将研究主题确定为区际间环境不公平，全书的分析可分为三个方面：区际间环境不公平的现象、区际间环境不公平的原因及区际间环境不公平的对策。本书首先刻画了区际间环境负担不公平及环境治理投资不公平的现状，然后在理论上分析区际间环境不公平的现象，概括来说即发展水平较低的国家（地区）对环境恶化造成的影响较小，但承受了过多环境负担和承担了过多环境责任，进而以中国为例，实证检验了区际间发展差距是环境不公平的主要原因，针对区际间环境不公平进行对策分析：一方面提高落后地区的环境规制水平，从而加强落后地区现有的环境污染治理及抵制外来污染转移；另一方面试图证明发达地区治理本地污染并不会削弱本地区竞争力，反而会促进就业，一定程度上减弱发达地区污染向外转移的动机。环境公平问题的研究在中国尚处于探索阶段，包括区际间环境不公平问题等其他层面的环境不公平问题是未来一个很值得努力的方向。

◤第一节　主要结论

    结合理论分析和实证检验，本书研究了区际间环境不公平的相关问题，得出以下结论。

第一，中国环境不公平现状并不乐观。直观描述可以发现：工业产值东部集聚和环境污染西部转移非常明显，东部地区的工业增加值超过全国一半，且呈增长趋势，但是工业污染占比远远小于工业增加值占比；西部地区工业总产值占全国的比例与东部相比不足 1/5，但西部地区的工业固体废物排放系数却是东部地区的 50 倍；在 1999～2008 年的样本期间，中国各地区主要污染物负担不均等程度严重，其中固体废弃物排放的不均等程度最为严重，各年份的基尼系数均在 0.7 以上；废水排放的基尼系数在样本期间逐年上升；二氧化硫排放的不均等程度最严重时期基尼系数达到0.44。基于泰尔指数对中国各地区废水负担不均等进行刻画发现：中部地区各省份废水排放负担差距最小，西部地区各省份废水排放负担差距最大，并且在 2008 年达到了峰值，然后这种差距减小，东部地区各省份废水排放负担差距波动较平稳。基于泰尔指数的分解结果显示：中部地区废水负担不公平对全国废水负担不公平的贡献率最低，西部地区该贡献率逐年提高，西部地区和东部地区废水负担不公平程度对全国废水负担不公平的贡献率基本相当。基于绿色贡献系数和环境不公平指数对中国各地区废水负担不均等程度进行测算发现：西部地区污染排放的贡献率大于经济贡献率，东部地区经济贡献率大于污染排放的贡献率。东部地区产生同等单位经济效益占用的环境成本要远远低于中部、西部地区产生同等单位经济效益占用的环境成本。

第二，区际间环境不公平的表现形式主要有三个方面：一是不同发展水平的国家（地区）对环境恶化造成的影响不同。发达国家对环境恶化负有不可推卸的历史责任，即使目前，由于技术等原因，发展中国家的单位产值污染排放强度虽然比较高，但发达国家经济规模大，对环境的"奢侈排放"要远远大于发展中国家的"生存排放"，地球容纳温室气体的能力是一定的，发达国家的历史排放使发展中国家不可能像之前发达国家在发展过程中那样排放，这本身就是发达国家对发展中国家的利益侵占。二是不同发展水平的国家（地区）承受环境恶化的影响不同。发展中国家由于经济落后、技术缺乏导致对气候变化等环境问题的应对能力较差，从而相比发达国家承受更多的环境风险，而发达国家通过污染产业转移或直接的垃圾转移将环境成本转移到经济落后、环境规制程度低的发展中国家，并且，在南北贸易中，发展中国家往往进行专业化的生产并出口资源密集型产品，发达国家倾向于进口发展中国家的高污染密集型产品，这样通过合理的买卖将污染留在发展中国家，侵占了发展中国家的经济利益和生态利益。三是获得生态利益的富裕国家、富裕地区没有承担应有的环境保护责任。在国际环境合作谈判中，发达国家利用其强大的经济政治权利使规章制度的制定总是偏袒自己，以期逃避相应的责任，承诺给发展中国家资金，但在数额及兑现时间方面总有偏差，给与技术支持却不给核心技术。

第三，发展差距是区际间环境不公平的主要原因。采用万广华（2002）提出的基于回归方程的分解方法，使用世界发展研究院开发的JAVA 程序，对中国各个省份间的环境负担不公平进行分解，发现各模型设计至少能解释54%~85%的地区间环境负担的不公平。而且不管是用哪个指数衡量，人均收入和废水治理投资的贡献加起来基本上解释了绝大部分的地区间废水负担不公平，这与我们的理论研究是一致的，无论是居民环保意识淡薄还是政府环境治理资金缺乏，根本原因都是地区间发展差距。

第四，环境规制有助于环境不公平的实现。利用 30 个省份 1998 ~ 2008 年工业废水排放的动态面板数据，分别分析了环境规制对中国及东部、中部、西部三大区域省际间环境公平的驱动作用及影响大小，结论表明政府规制在全国样本以及三大区域样本下都和环境公平显著正相关，公众参与在全国样本下显著为正，但在分区域的静态面板中则不显著，说明中国目前公众参与还很薄弱，政府的正式规制起主要作用，同时发现，西部地区的环境规制对环境公平的拉动作用最大，应加强西部地区环境规制，该实证得出的结论是环境规制加强有助于推进区际间环境公平。进而利用 Tobit 模型对东部、西部地区间的废水排放差距以及废水治理投资差距进行回归检验，二者为负向关系，结果暗含了增加西部地区的废水治理相对投资，从而拉大与东部地区废水治理相对投资的差距，有助于缩小东西部的废水排放负担的差距。

第五，环境治污技术的选择需考虑就业效应。相比经济发展水平较高的发达国家、发达地区，经济发展水平较低的落后国家（地区）过多地承担了环境负担，落后国家（地区）在治理本地环境污染时对环境治污技术的选择可能产生包括环境不公平在内的新的社会不公平。本书以中国各省份的面板数据为样本研究了包括末端治理和清洁生产在内的环境治污技术的就业效应，发现末端治理有助于拉动就业，而清洁生产会损害就业，因而企业在选择治污技术时，不仅应该考虑治污技术的环境治理效果，还应该考虑该治污技术的社会分配效应，因为损害就业的成本最终由一线工人首先承担。

第六，为发达地区加大治理本地污染从而减少污染转移提供依据。通过构建一个旨在说明环境规制与就业关系的非线性面板门限模型，利用2003～2010年的省际面板数据验证了当以产业结构和环境规制作为门限变量时，环境规制对就业影响的差异。具体的研究结果如下：当以环境规制本身作为门限变量时，有两个门限值，当环境规制小于低门限值时，环境规制对就业的影响显著为正，而基本上所有的地区环境规制都小于低门限值，这意味着只有保持低水平的环境规制才能不损害就业。随后笔者选取产业结构（第三产业占 GDP 的比值）作为门限变量，搜索到两个门限值，当产业结构这一比值大于高门限值时，环境规制对就业的影响显著为正，这意味着要想出现环境规制和就业双赢的局面，提高第三产业的比重是关键，同时发现在北京、天津、广东、福建、浙江、上海几个发达地区，产业结构大于高门限值，环境规制水平的提高对就业有促进作用，这样发达地区积极治理本地环境，可以减少发达地区的污染总量，进而减少转移出去的污染，不仅有利于本地区的就业保障，而且也避免了让落后地区帮助其承担环境责任，实现了环境责任区际间的公平分担。

▼第二节 未来的研究问题

环境不公平问题，日益成为经济发展现实中的一个重要问题，也日益成为环境经济学的一个热点关注领域，本书只是对区际间环境不公平的相关问题进行了分析，在研究区际间环境不公平时，只研究了伴随着中国经济的高速增长发达的东部地区和落后的中西部地区之间的环境不公平问题，以及包括中国在内的发展中国家与发达国家之间的环境不公平问题，受篇幅及研究时间、能力的限制，关于地区间其他形式的环境不公平，本书并没有涉及，例如，城市和农村在环境污染分担过程中产生的环境不公平、流域上下游之间的环境不公平及生态功能区和生态受益区之间的环境不公平。除此之外，在分析区际间环境不公平时，涉及严峻的收入差距造成群体间环境不公平问题，本书并没有展开论述，但群体间环境不公平是一个很值得研究的话题。

第一，环境不公平指标体系的构建。在研究区际间环境不公平问题时，由于一些主观、客观原因，没有构建一个完整的环境不公平指标体系，未来的研究不仅要加深对环境不公平定义的理解和概括，要想将研究深入展开，需对环境不公平指标的量化做一个系统而全面的考察。不管是泰尔指数还是绿色贡献系数等指标的构建，目前都还不够完善，很大一个缺陷是没有剔除区际间环境负担的转移，未来可以在这方面做一个尝试。

第二，城乡之间的环境不公平问题研究。目前，关于中国城乡之间的环境不公平的文献研究较少，而近年来，城乡之间的环境不公平这一现象却日益突出，并逐渐加剧，国家加大对城市的污染治理强度，城市的生态环境局部获得改善，但农村的生态环境恶化日益加剧，面临失控，城乡间的环境不公平既体现了区际间的环境不公平，也体现了不同群体间的环境不公平，至少有以下几个方面值得探讨：城乡间废弃物、污染产业、高污染设备的转移；城市环境治理中以农村环境恶化为代价，环境治理资金的城乡二元结构；农村居民为全国居民承担着农业环境污染；农村居民处于环境权利—责任博弈中的弱势地位。限于本书篇幅的局限和笔者能力有限，本书没有涉及这方面的内容，笔者期待以后可以搜集素材及数据，进行深入的研究。

第三，流域上下游之间的环境不公平问题研究。目前，中国关于生态环境的治理是按照行政区划来完成的，并没有划分相应的生态环境单元，同一江河湖泊是一个不可分割的生态系统，但是按目前的行政单元划分，必然使同一流域上下游之间在环境污染和环境治理方面形成矛盾。一是污染排放与遭受污染影响的不对等。如上游企业在生产过程中的不达标排放，造成下游污染，上游企业获得了利润，但成本却由下游地区承担。二是污染治理投资与污染源头的错位。污水治理投资主要集中在大江大河的下游、东部发达地区、大城市，河流的中上游地区、西部地区、农村地区的污水治理率非常低。三是排放容量的分担不公平。同一江河湖泊，其一定时期内可承载的环境容量有限，如何在流域上下游之间合理安排必须经由利益分配和利益补偿考量。

第四，生态功能区和生态受益区之间的环境不公平。生态功能区在保障生态安全方面具有重要的意义，全国各地都有划定的生态保护区，那里的森林资源不仅为生态保护区及其居民提供木材等物质产品的经济价值，同时也为整个区域提供生态服务，如果当地过度开发，就必然损害整个区域的生态利益，如果为了保护区域生态利益而限制当地人开发又必然会损害当地居民的利益。需要探索合理的补偿机制，才能改变现有的这种不公平。

第五，不同群体间环境不公平问题的研究。群体间环境不公平的研究至少包括以下三个方面：一是某一区域范围内，经济活动导致的生态环境影响超出了生态承载力，区域内社会各群体之间存在生态环境影响承受的不公平、"生态环境容量"配置的不公平。二是某一区域范围内，生态环境治理未达到应治理水平，区域内社会各群体之间存在生态环境治理责任分担的不公平。三是某一区域范围内，区域内社会各群体之间存在生态利益分享的不公平。与此同时，为实现生态利益就必须进行生态维护，而区域内社会各群体之间存在生态环境维护责任分担的不公平。

除此之外，本书只分析了区际间发展差距导致环境不公平，其实环境不公平反过来会影响区际间发展差距，引致经济不公平及社会不公平，二者是互相影响的，未来可以关注环境不公平引致的经济不公平和社会不公平，总之以环境不公平为中心的因果研究是一项极富前瞻性的工作。

参 考 文 献

[1] 巴蒂·H. 巴尔塔基. 面板数据计量经济分析 [M]. 北京：机械工业出版社，2010：156.

[2] 柏拉图著. 郭斌和，张竹明译. 理想国 [M]. 北京：商务印书馆，1986：154.

[3] 包晴. 中国经济发展中环境污染转移问题法律透视 [M]. 北京：法律出版社，2010：37 – 42.

[4] 保罗·R. 伯特尼，罗伯特·N. 史蒂文斯. 穆贤清，方志伟译. 环境保护的公共政策（第 2 版）[M]. 上海：上海人民出版社，2004：27 – 28.

[5] 薄艳. 国际环境正义与国际环境机制：问题、理论和个案 [J]. 欧洲研究，2005（3）：65 – 78.

[6] 曹树青. 环境污染转嫁的几个基本问题 [J]. 皖西学院学报，2003（2）：58 – 63.

[7] 陈建军. 中国现阶段产业区域转移的实证研究——结合浙江 105 家企业的问卷调查报告的分析 [J]. 管理世界，2002（6）：64 – 74.

[8] 陈敏. 产业梯度转移中的污染转移问题研究 [D]. 杭州：浙江大学，2009.

[9] 陈媛媛，李坤望. 中国工业行业 SO_2 排放强度因素分解及其影响因素——基于 FDI 产业前后向联系的分析 [J]. 管理世界，2010（3）：14 – 21.

[10] 陈媛媛. 行业环境管制对就业影响的经验研究：基于 25 个工业行业的实证分析 [J]. 当代经济科学，2011（3）：67 – 73.

[11] 程平. 环境正义视域下的气候变化问题——评哥本哈根峰会中的博弈 [J]. 理论与改革，2010（4）：32 – 35.

[12] 崔亚飞, 刘小川. 基于空间计量的我国省级环保投资特征分析 [J]. 学海, 2010 (3): 157 - 161.

[13] 戴星翼, 胥传阳. 城市环境管理导论 [M]. 上海: 上海人民出版社, 2008.

[14] 杜传忠, 韩元军, 张孝岩. 后金融危机时期的产业升级与就业规模 [J]. 财经科学, 2010 (8): 66 - 73.

[15] 杜传忠. 政府规制俘获理论的最新进展 [J]. 经济学动态, 2005 (11): 72 - 76.

[16] 樊纲, 苏铭, 曹静. 最终消费与碳减排责任的经济学分析 [J]. 经济研究, 2010 (1): 4 - 14.

[17] 付素英, 宇盟. 消费的环境影响及消费的环保化研究 [J]. 环境与可持续发展, 2006 (1): 43 - 45.

[18] 傅京燕, 李丽莎. FDI、环境规制与污染避难所效应——基于中国省级数据的经验分析 [J]. 公共管理学报, 2010 (3): 65 - 74.

[19] 傅京燕. 产业特征、环境规制与大气污染排放的实证研究——以广东省制造业为例 [J]. 中国人口·资源与环境, 2009 (2): 73 - 77.

[20] 傅京燕. 环境成本转移与西部地区的可持续发展 [J]. 当代财经, 2006 (6): 102 - 106.

[21] 高迎春, 佟连军, 马延吉等. 清洁生产和末端治理环境绩效对比分析 [J]. 地理研究, 2011 (3): 505 - 512.

[22] 耿莉萍. 生存与消费——消费、增长与可持续发展问题研究 [M]. 北京: 经济管理出版社, 2004.

[23] 宫本宪一, 曹瑞林. 日本公害的历史教训 [J]. 财经问题研究, 2015 (8): 30 - 35.

[24] 龚峰景, 柏红霞, 陈雅敏等. 中国省际间工业污染转移量评估方法与案例分析 [J]. 复旦学报（自科版）, 2010 (6): 362 - 367.

[25] 国务院发展研究中心课题组. 全球温室气体减排: 理论框架和解决方案 [J]. 经济研究, 2009 (3): 4 - 13.

[26] 弗里德利希·冯·哈耶克著. 邓正来译. 自由秩序原理 [M].

上海：三联书店，1997：296.

[27] 何怀宏. 伦理学是什么 [M]. 北京：北京大学出版社，2002：5.

[28] 洪大用. 当代中国环境公平问题的三种表现 [J]. 江苏社会科学，2001（3）：39 – 43.

[29] 洪大用. 环境公平：环境问题的社会学观点 [J]. 浙江学刊，2001（4）：67 – 73.

[30] 胡鞍钢. 欠发达地区发展问题研究 [J]. 改革，1994（3）：110 – 117.

[31] 黄之栋，黄瑞琪. 全球暖化与气候正义：一项科技与社会的分析——环境正义面面观之二 [J]. 鄱阳湖学刊，2010（5）：27 – 39.

[32] 黄之栋，黄瑞祺. 光说不正义是不够的：环境正义的政治经济学分析——环境正义面面观之三 [J]. 鄱阳湖学刊，2010（6）：17 – 32.

[33] 黄之栋，黄瑞祺. 环境正义论争：一种科学史的视角——环境正义面面观之一 [J]. 鄱阳湖学刊，2010（4）：27 – 42.

[34] 加藤尚武. 自然和人间的共生 [M]. 东京：有裴阁，1999：55.

[35] 蒋耒文，考斯顿. 人口、家庭户对环境的影响：理论模型与实证研究 [J]. 人口研究，2001（1）：47 – 55.

[36] 威尔·金里卡著. 刘莘译. 当代政治哲学（上册）[M]. 上海：上海三联书店，2004：41.

[37] 金宇峰，翟杨. 论环境污染转移 [J]. 环境管理，2005（3）：25 – 16.

[38] 靳乐山. 环境污染的国际转移与城乡转移 [J]. 中国环境科学，1997（4）：335 – 339.

[39] 靳乐山. 关于环境污染问题实质的探讨 [J]. 生态经济，1997（3）：5 – 9.

[40] 李定邦，金艳. 基于生态足迹模型的家庭资源消费可持续性研究 [J]. 华东理工大学学报（社会科学版），2005（2）：39 – 44.

[41] 李国柱. 经济增长与环境协调发展的计量分析 [M]. 北京：中国经济出版社，2007.

[42] 李永友, 沈坤荣. 我国污染控制政策的减排效果——基于省际工业污染数据的实证分析 [J]. 管理世界, 2008 (7): 7 - 17.

[43] 刘蓓蓓, 李凤英, 俞钦钦等. 长江三角洲城市间环境公平性研究 [J]. 长江流域资源与环境, 2009 (12): 1093 - 1097.

[44] 刘建国. 城市居民环境意识与环境行为关系研究 [D]. 兰州: 兰州大学, 2007.

[45] 刘宗明. 投资冲击与劳动就业状态 [J]. 南开经济研究, 2011 (6): 66 - 93.

[46] 卢淑华. 城市生态环境问题的社会学研究——本溪市的环境污染与居民的区位分布 [J]. 社会学研究, 1994 (6): 32 - 40.

[47] 陆旸, 中国的绿色政策与就业——存在双重红利吗 [J]. 经济研究, 2011 (7): 42 - 54.

[48] 吕力. 论环境公平的经济学内涵及其与环境效率的关系 [J]. 生产力研究, 2004 (11): 17 - 19.

[49] 毛日昇. 出口、外商直接投资与中国制造业就业 [J]. 经济研究, 2009 (11): 105 - 117.

[50] 苗力田. 亚里士多德全集 (第八卷) [M]. 北京: 中国人民大学出版社, 1994.

[51] 罗伯特·诺齐克著. 何怀宏等译. 无政府、国家与乌托邦 [M]. 北京: 中国社会科学出版社, 1991.

[52] 潘晓东. 论国际环境公平义务的形成与确认 [J]. 中国人口·资源与环境, 2004 (5): 3 - 7.

[53] 潘岳. 环境保护与社会公平 [J]. 中国国情国力, 2004 (12): 1 - 7.

[54] 彭海珍, 任荣明. 环境成本转移与西部可持续发展 [J]. 财贸研究, 2004 (1): 19 - 23.

[55] 彭海珍. 贸易自由化中的环境问题探讨 [J]. 管理现代化, 2003 (4): 10 - 13.

[56] 乔秋华. 环境不公正现象的形成原因及其对策 [D]. 大连: 大

连理工大学，2006.

[57] 邱俊永，钟定胜，俞俏翠等. 基于基尼系数法的全球 CO_2 排放公平性分析 [J]. 中国软科学，2011（4）：14 - 21.

[58] 沙文兵，石涛. 外商直接投资的环境效应——基于中国省级面板数据的实证分析 [J]. 世界经济研究，2006（6）：76 - 81.

[59] 尚海洋，马忠，焦文献，马静. 甘肃省城镇不同收入水平群体家庭生态足迹计算 [J]. 自然资源学报，2006（3）：408 - 416.

[60] 邵帅，齐中英. 西部地区的能源开发与经济增长——基于"资源诅咒"假说的实证分析 [J]. 经济研究，2008（4）：147 - 160.

[61] 宋国平，周治，王浩绮. 中国环境公平探讨 [J]. 科技与经济，2005（3）：35 - 37.

[62] 苏芳，徐中民. 张掖甘州农村居民不同收入群体家庭虚拟水消费比较 [J]. 冰川冻土，2008（5）：883 - 889.

[63] 孙昌兴，曹树青. 环境污染转嫁探析——污染转嫁的内涵、途径、本质与调控 [J]. 合肥工业大学学报（社会科学版），2003（1）：120 - 127.

[64] 孙晓峰，李键，李晓鹏. 中国清洁生产现状及发展趋势探析 [J]. 环境科学与管理，2010（11）：185 - 188.

[65] 滕飞，何建坤，潘勋章等. 碳公平的测度：基于人均历史累积排放的碳基尼系数 [J]. 气候变化研究进展，2010（6）：449 - 455.

[66] 万广华，陆铭，陈钊. 全球化与地区间收入差距：来自中国的证据 [J]. 中国社会科学，2005（3）：28 - 44.

[67] 万广华，张藕香，Mahvash Saeed Qureshi. 全球化与国家间的收入差距：来自81个国家面板数据的实证分析 [J]. 世界经济文汇，2008（2）：28 - 44.

[68] 万广华. 解释中国农村区域间的收入不平等：一种基于回归方程的分解方法 [J]. 经济研究，2004（8）：117 - 127.

[69] 万广华. 经济发展与收入不均等方法和证据 [J]. 上海：上海三联书店，2006.

[70] 汪利平，于秀玲. 清洁生产和末端治理的发展 [J]. 中国人

口·资源与环境，2010（3）：428-431.

[71] 王凤. 公众参与与环保行为影响因素的实证研究 [J]. 中国人口·资源与环境，2008（6）：30-35.

[72] 毛海明. 公正、平等、人道 [M]. 北京：北京大学出版社，2000.

[73] 王慧. 被忽视的正义——环境保护中市场机制的非正义及其法律应对 [J]. 云南财经大学学报，2010（6）：111-118.

[74] 王慧. 我国环境税研究的缺陷 [J]. 内蒙古社会科学，2007，28（4）：97-100.

[75] 王金南，逯元堂，周劲松等. 基于GDP的中国资源环境基尼系数分析 [J]. 中国环境科学，2006（1）：111-115.

[76] 王奇，陈小鹭，李菁：以二氧化硫排放分析我国环境公平状况的定量评估及其影响因素 [J]. 中国人口·资源与环境，2008（5）：118-122.

[77] 王韬洋. "环境正义"——当代环境伦理发展的现实趋势 [J]. 浙江学刊，2002（5）：173-176.

[78] 吴舜泽，陈斌，逯元堂等. 中国环境保护投资失真问题分析与建议 [J]. 中国人口·资源与环境，2007，17（3）：112-117.

[79] 吴玉鸣. 外商直接投资与环境规制关联机制的面板数据分析 [J]. 经济地理，2007（1）：11-14.

[80] 武翠芳，姚志春，李玉文等. 环境公平研究进展综述 [J]. 地球科学进展，2009（11）：1268-1274.

[81] 夏杰长. 我国劳动就业结构与产业结构的偏差 [J]. 中国工业经济，2000（1）：36-40.

[82] 夏友富. 外商投资中国污染密集产业现状、后果及其对策研究 [J]. 管理世界，1999（3）：110-111.

[83] 徐犇. 环境与发展——论发达国家与发展中国家之间的公平 [J]. 世界经济与政治论坛，2005（4）：25-30.

[84] 徐康宁，韩剑. 中国区域经济的"资源诅咒"效应：地区差距的另一种解释 [J]. 经济学家，2005（6）：96-102.

[85] 徐旭川. 中国劳动生产率的就业效应分析 [J]. 当代财经, 2008 (10): 17 - 22.

[86] 亚当·斯密著. 郭大力, 王亚南译. 国民财富的性质和原因的研究 (下卷) [M]. 北京: 商务印书馆, 1974: 27.

[87] 杨海生, 贾佳, 周永章等. 贸易、外商直接投资、经济增长与环境污染 [J]. 中国人口·资源与环境, 2005 (3): 99 - 103.

[88] 姚从容. 气候变化与全球变暖: 基于人口经济学的文献研究述评 [J]. 人口与发展, 2011 (2): 107 - 112.

[89] 姚亮, 刘晶茹. 中国八大区域间碳排放转移研究 [J]. 中国人口·资源与环境, 2010 (12): 16 - 19.

[90] 约翰. 罗尔斯著. 何怀宏等译. 正义论 [M]. 北京: 中国社会科学出版社, 1988: 302 - 303.

[91] 张车伟, 蔡昉. 就业弹性的变化趋势研究 [J]. 中国工业经济, 2002 (5): 22 - 30.

[92] 张成, 陆旸, 郭路等. 环境规制强度和生产技术进步 [J]. 经济研究, 2011 (2): 113 - 124.

[93] 张天柱, 郑方辖, 崔东海. 实施城市居民生活污水排放收费标准的测算分析 [J]. 给水排水, 1997 (2): 5 - 7.

[94] 张晓平, 王兆红, 孙磊. 中国钢铁产品国际贸易流与碳排放跨境转移 [J]. 地理研究, 2010, 29 (9): 1650 - 1658.

[95] 张兴杰. 跨世纪的忧患——影响中国稳定发展的主要社会问题 [M]. 兰州: 兰州大学出版社, 1998.

[96] 张秀生, 陈慧女. 论中国区域经济发展差距的现状、成因、影响与对策 [J]. 经济评论, 2008 (2): 53 - 58.

[97] 张音波, 麦志勤, 陈新庚. 广东省城市资源环境基尼系数 [J]. 生态学报, 2008 (2): 728 - 734.

[98] 张玉林. 另一种不平等: 环境战争与 "灾难" 分配 [J]. 绿叶, 2009 (4): 28 - 43.

[99] 张育红. 中国推行清洁生产的现状与对策研究 [J]. 污染防治

技术, 2006 (3): 75 - 77.

[100] 赵海霞, 王波, 曲福田等. 江苏省不同区域环境公平测度及对策研究 [J]. 南京农业大学学报, 2009 (3): 98 - 103.

[101] 钟晓青, 张万明, 李萌萌. 基于生态容量的广东省资源环境基尼系数计算与分析 [J]. 生态学报, 2008 (9): 4486 - 4493.

[102] 朱旭峰, 王笑歌. 论 "环境治理公平" [J]. 中国行政管理, 2007 (9): 107 - 111.

[103] 朱玉坤. 西部大开发与环境公平 [J]. 青海社会科学, 2002 (6): 38 - 41.

[104] 庄渝平. 环境公平与社会和谐 [J]. 发展研究, 2006 (5): 100 - 102.

[105] Adams J S. Toward an Understanding of Inequity [J]. Journal of Abnormal and Social Psychology, 1963, 67 (5): 422 - 436.

[106] Akbostanci E, TunÇ G, Türüt-As1k S. Pollution Haven Hypothesis and the Role of Dirty Industries in Turkey's Exports [J]. Environment and development Economics, 2004, 12 (2): 297 - 322.

[107] Anand S, Sen A. The Income Component the Human Development Index [J]. Journal of Human Development and Capabilities, 2000, 1 (1): 83 - 106.

[108] Anderton D L, Anderson A B, Oakes J B, et al. Environmental Equity: the Demographics of Dumping [J]. Demography, 1994, 31 (2): 229 - 248.

[109] Asch P, Seneca J J. Some Evidence on the Distribution of Air Quality [J]. Land Economics, 1978, 54 (3): 278 - 297.

[110] Auty R M. Resource Abundance and Economic Development [M]. Oxford: Oxford University Press, 2001.

[111] Bae C H C. The Equity Impacts of Los Angeles' Air Quality Policies [J]. Environment and Planning A, 1997, (29): 1563 - 1584.

[112] Beaudry P. Collard F. The Employment Productivity Trade off

around the 1980s: A case for Medium Run Theory. IDEI Working Paper, 2003, No. 137.

[113] Bezdek R H, Wendling R M, DiPerna P. Environmental Protection, the Economy, and Jobs: National and Regional Analyses [J]. Journal of Environmental Management, 2008, 86 (1): 63 –79.

[114] Bond S. Dynamic Panel Data Models: A Guide to Micro Data Methods and Practice [J]. Portuguese Economic Journal, 2002, 1 (2): 1 –34.

[115] Bovenberg A, van der Ploeg F. Optimal Taxation, Public Goods and Environmental Policy with Involuntary Unemployment [J]. Journal of Public Economics, 1996, 62 (1): 59 –83.

[116] Brooks N. The Distribution of Pollution: Community Characteristics and Exposure to Air Toxics [J]. Journal of Environmental Economics and Management, 1997, 32 (2): 233 –250.

[117] Bullard R D. Solid Waste Sites and the Houston Black Community [J]. Sociological Inquiry, 1983, 53 (2): 273 –288.

[118] Chakraborty J. Evaluating the Environmental Justice Impacts of Transportation Improvement Projects in the US [J]. Transportation Research Part D, 2006, 11 (5): 315 –323.

[119] Cole M A, Elliott R J. FDI and the Capital Intensity of "dirt" Sectors: A Missing Piece of the Pollution Haven Puzzle [J]. Review of Development Economics, 2005, 9 (4): 530 –548.

[120] Cole M A, Elliott R, Shanshan W. Industrial Activity and the Environment in China: An Industry – Level Analysis [J]. China Economic Review, 2008, 19: 393 –408.

[121] Copeland B R, Taylor M S. Trade, Growth, and the Environment [J]. Journal of Economic Literature, 2004, 42 (1): 7 –71.

[122] Copeland B, Taylor S. North – South Trade and the Environment [J]. The Quarterly Journal of Economics, 1994, 109 (3): 755 –787.

[123] Daniel L Millimet, Daniel Sloffje. An Environmental Paglin – Gini

[J]. Applied Economics Letters, 2002 (9): 271 – 274.

[124] Deily M E, Gray W B. Enforcement of Pollution Regulations in a Declining Industry [J]. Journal of Environmental Economics and Management, 1991, 21: 260 – 274.

[125] Edith B W. Intergenerational Fairness and Rights of Future Generations [J]. Intergenerational Justice Review, 2002 (3): 1 .

[126] Esty D C, Geradin D. Environmental Protection and International Competitiveness: A Conceptual Framework. Faculty Scholarship Series. 1998, 1 – 44.

[127] Feitelson E. Introducing Environmental Equity Dimensions into the Sustainable Transport Discourse: Issues and Pitfalls [J]. Transportation Research Part D: Transport and Environment, 2002 (2): 99 – 118.

[128] Fields G S, Yoo G. Falling Labour Income Inequality in Korea's Economic Growth: Patterns and Underlying Causes [J]. Review of Income and Wealth, 2000, 46 (2): 139 – 159.

[129] Fricker R D, Hengartner N W. Environmental Equity and the Distribution of Toxic Release Inventory and Other Environmentally Undesirable Sites in Metropolitan NYC [J]. Environmental and Ecological Statistics, 2001, 8 (1): 33 – 52.

[130] Getzner M. The Quantitative and Qualitative Impacts of Clean Technologies on Employment [J]. Journal of Cleaner Production, 2002, 10 (4): 305 – 319.

[131] Ghosh P. Structuring the Equity Issue in Climate Change. In: Achnta, A. N. (Ed.), The Climate Change Agenda—An Indian perspective. Tata Energy Research Institute, New Delhi, 1993: 267 – 274.

[132] Goodstein E. Jobs and the Environment: An Overview [J]. Environmental Management, 1996, 20 (3): 313 – 321.

[133] Gray W B, Shadbegian R J. Optimal Pollution Abatement—Whose Benefits Matter, and How Much? [J]. Journal of Environmental Economics and

Management, 2004, 47 (3): 510 – 534.

[134] Gray W B. The Cost of Regulation: OSHA, EPA and the Productivity Slowdown [J]. American Economic Review, 1987, 77: 998 – 1006.

[135] Hamilton J T, Viscusi K W. Calculating Risks? The Spatial and Political Dimensions of Hazardous Waste Policy [M]. MA: MIT Press, 1999: 1 – 12.

[136] Hamilton J T. Testing for Environmental Racism: Prejudice, Profits, Political Power? [J]. Journal of Policy Analysis and Management, 1995, 14 (1): 107 – 132.

[137] Hansen B E. Threshold Effects in Non – dynamic Panels: Estimation, Testing, and Inference [J]. Journal of Econometrics, 1999, 93 (2): 345 – 368.

[138] Horbach J. The impact of Innovation Activities on Employment in the Environmental Sector: Empirical Results for Germany at the Firm Level [R]. IAB Discussion Paper, No. 200816, 2008.

[139] Hyder T O. Climate Negotiations: The North/South Perspective [C]. Confronting Climate Change: Risks, Implications and Responses [M]. Cambridge, Cambridge University Press, 1992: 323 – 336.

[140] Ikeme J. Equity, Environmental Justice and Sustainability: Incomplete Approaches in Climate Change Politics [J]. Global Environmental Change, 2003, 13 (3): 195 – 206.

[141] Jacobson A, Milman A D, Kammen D M. Letting the (Energy) Gini Out of the Bottle: Lorenz Curves of Cumulative Electricity Consumption and Gini Coefficients as Metrics of Energy Distribution and Equity [J]. Energy Policy, 2005, 33 (14): 1825 – 1832.

[142] John A List. Have Air Pollutant Emissions Converged Among U. S. Regions—Evidence From unit Root Tests [J]. Southern Economic Journal, 1999 (1): 144 – 155.

[143] Kandlikar M, Sagar A. Climate Change Research and Analysis in

India: An Integrated Assessment of a South – North Divide [J]. Global Environmental Change, 1999, 9 (2): 119 – 138.

[144] Laurian L. Environmental Injustice in France [J]. Journal of Environmental Planning and Management, 2008, 51 (1): 55 – 79.

[145] Lynch M J, Stretesky P B, Burns R G. Determinants of Environmental Law Violation Fines Against Petroleum Refineries: Race, Ethnicity, Income, and Aggregation Effects [J]. Society & Natural Resources, 2004, 17 (4): 333 – 347.

[146] Ma C B. Who Bears the Environmental Burden in China—An Analysis of the Distribution of Industrial Pollution Sources? [J]. Ecological Economics, 2010, 69 (9): 1869 – 1876.

[147] Magnani E. The Environmental Kuznets Curve, Environment Protection Policy and Income Distribution [J]. Ecological Economics, 2000, 32: 431 – 443.

[148] Mohai P. Equity and the Environment [J]. Research in Social Problems and Public Policy, 2008, 15: 21 – 49.

[149] Mohai P, Saha R. Racial Inequality in the Distribution of Hazardous Waste: A National – Level Reassessment [J]. Social Problems, 2007, 54 (3): 343 – 370.

[150] Morduch J, Sicular T. Rethinking Inequality Decomposition, with Evidence from Rural China [J]. The Economic Journal, 2002, 112 (1): 93 – 106.

[151] Morgenstern R D, Pizer W A, Shih J S. Jobs Versus the Environment: An Industry – Level Perspective [J]. Journal of Environmental Economics and Management, 2002, 43 (3): 412 – 436.

[152] Morrello – Frosch R, Jesdale B M. Separate and Unequal: Residential Segregation and Estimated Cancer Risks Associated with Ambient Air Toxics in U. S. Metropolitan Areas [J]. Environmental Health Perspectives, 2006, 114 (3): 386 – 393.

[153] Muradian R, Martinez - Alier J. Trade and the environment: from a Southern perspective [J]. Ecological Economics, 2001, 36 (2): 281 -297.

[154] Oakes J M, Anderton D L, Anderson A B. A Longitudinal Analysis of Environmental Equity in Communities with Hazardous Waste Facilities [J]. Social Science Research, 1996, 25 (2): 125 - 148.

[155] Padilla E, Serrano A. Inequality in CO_2 Emissions Across Countries and Its Relationship with Income Inequality: A Distributive Approach [J]. Energy policy, 2006, 34: 1762 - 1772.

[156] Pastor M, Sadd J L, Morello - Frosch R. Waiting to Inhale: The Demographics of Air Toxic Release Facilities in 21st Century California [J]. Social Science Quarterly, 2004, 85 (2): 420 - 440.

[157] Perlin S A, Sexton K, Wong D W S. An Examination of Race and Poverty for Populations Living Near Industrial Sources of Air Pollution [J]. Journal of Exposure Analysis and Environmental Epidemiology, 1999, 9 (1): 29 - 48.

[158] Peters G P, Hertwich E G. CO_2 Embodied in International Trade with Implications for Global Climate Policy [J]. Environmental Science and Technology, 2008, 42 (5): 1401 - 1407.

[159] Pfeiffer F, Rennings K. Employment Impacts of Cleaner Production - Evidence from a German Study Using Case Studies and Surveys [J]. Business Strategy and the Environment, 2001, 10 (3): 161 - 175.

[160] Poterba J M. Tax Policy to Combat Global Warming: On Designing a Carbon Tax. NBER Working Papers, No. 3649, 1991.

[161] Rennings K . Redefining Innovation— Eco - Innovation Research and the Contribution from Ecological Economics [J]. Ecological Economics, 2000, 32 (2): 319 - 332.

[162] Rennings K, Zwick T. the Employment Impact of Cleaner Production on the Firm Level—Empirical Evidence from a Survey in Five European Countries [J]. International Journal of Innovation Management, 2002, 6 (3):

319 – 342.

[163] Ringius L, Torvanger A, Underdal A. Burden Sharing and Fairness Principles in International Climate Policy [J]. International Environmental Agreements: Politics, Law and Economics, 2002, 2 (1): 1 – 22.

[164] Ringquist E J. Assessing Evidence of Environmental Inequities: A Meta-analysis [J]. Journal of Policy Analysis and Management, 2005, 24 (2): 223 – 247.

[165] Saboohi Y. An Evaluation of the Impact of Reducing Energy Subsidies on Living Expenses of Households [J]. Energy Policy, 2001, 29 (3): 245 – 252.

[166] Schneider K. Involuntary Unemployment and Environmental Policy: The Double Dividend Hypothesis [J]. The Scandinavian Journal of Economics, 1997, 99 (1): 45 – 59.

[167] Shorrocks A, Slottje D. Approximating Unanimity Orderings: An Application to Lorenz Dominance [J]. Journal of Economics, 2002, 9 (1): 91 – 117.

[168] Shui B, Harriss R C. The Role of CO_2 Embodiment in US – China Trade [J]. Energy Policy, 2006, 34 (18): 4063 – 4068.

[169] Singer A. The Rise of New Immigrant Gateway [M]. Washington DC: Brookings Institution, 2004: 1 – 36.

[170] Smith A, Johnson V, Dependence J S C. The Second UK Independence Report: New Economics Foundation Report, London, 2007.

[171] Smith S. The Distributional Consequences of Taxes on Energy and the Carbon Content of Fuels [J]. European Economy, 1992 (51): 241 – 268.

[172] Stretesky P, Hogan M. Environmental Justice: An Analysis of Superfund Sites in Florida [J]. Social Problems, 1998, 45 (2): 268 – 287.

[173] Tietenberg T H, Lewis L. Environmental and Natural Resource Economics [M]. MA: Addison – Wesley, 2000.

[174] United Church of Christ (UCC). Toxic Wastes and Race in the

United States: A National Report on the Racial and Socioeconomic Characteristics of Communities with Hazardous Waste Sites [M]. New York, NY: Commission for Racial Justice, United Church of Christ, 1987: 1.

[175] Weber C L, Peters G P, Guan D, et al. The Contribution of Chinese Exports to Climate Change [J]. Energy Policy, 2008, 36 (9): 3572 - 3577.

[176] Xing Y, Kolstad C D. Do Lax Environmental egulations Attract Foreign Investment? [J]. Environmental and Resource Economics, 2002, 21 (2): 1 -22.

图书在版编目（CIP）数据

区际间环境不公平问题研究／闫文娟著．—北京：
经济科学出版社，2019.7
ISBN 978 - 7 - 5218 - 0726 - 4

Ⅰ.①区… Ⅱ.①闫… Ⅲ.①环境经济学 – 研究
Ⅳ.①X196

中国版本图书馆 CIP 数据核字（2019）第 154892 号

责任编辑：齐伟娜 刘 颖
责任校对：蒋子明
责任印制：李 鹏

区际间环境不公平问题研究

闫文娟 著

经济科学出版社出版、发行 新华书店经销
社址：北京市海淀区阜成路甲 28 号 邮编：100142
总编部电话：010 - 88191217 发行部电话：010 - 88191540
网址：www. esp. com. cn
电子邮件：esp@ esp. com. cn
天猫网店：经济科学出版社旗舰店
网址：http://jjkxcbs. tmall. com
北京季蜂印刷有限公司印装
710 × 1000 16 开 11 印张 160000 字
2019 年 9 月第 1 版 2019 年 9 月第 1 次印刷
ISBN 978 - 7 - 5218 - 0726 - 4 定价：36. 00 元
（图书出现印装问题，本社负责调换。电话：010 - 88191510）
（版权所有 侵权必究 打击盗版 举报热线：010 - 88191661
QQ：2242791300 营销中心电话：010 - 88191537
电子邮箱：dbts@ esp. com. cn）